# Vlog
# 短视频拍摄与剪辑
## 从入门到精通

赵 君——著

電子工業出版社
Publishing House of Electronics Industry
北京·BEIJING

**图书在版编目（CIP）数据**

Vlog 短视频拍摄与剪辑从入门到精通 / 赵君著 . —北京：电子工业出版社，2020.7
ISBN 978-7-121-38700-5

Ⅰ. ① V…  Ⅱ. ①赵…  Ⅲ. ①视频制作  Ⅳ. ① TN948.4

中国版本图书馆 CIP 数据核字（2020）第 039566 号

责任编辑：赵含嫣　　特约编辑：刘红涛　　特约策划：武冬青
印　　刷：北京缤索印刷有限公司
装　　订：北京缤索印刷有限公司
出版发行：电子工业出版社
　　　　　北京市海淀区万寿路173信箱　　　邮编：100036
开　　本：787×1092　1/16　印张：13.25　字数：339.2千字
版　　次：2020年7月第1版
印　　次：2024年11月第13次印刷
定　　价：89.00元

凡所购买电子工业出版社图书有缺损问题，请向购买书店调换。若书店售缺，请与本社发行部联系，联系及邮购电话：（010）88254888，88258888。

质量投诉请发邮件至 zlts@phei.com.cn，盗版侵权举报请发邮件至dbqq@phei.com.cn。

本书咨询联系方式：（010）88254161～88254167转1897。

# 前言 Preface

人生的每个阶段都有意义，这些阶段也许是上学和工作，也许是结婚前和结婚后。每个人对各个阶段都有不同的界定，对于我来说，打开视频创作这扇门之前和打开这扇门之后是两个世界。

人的记忆大多会逐渐消退，很多生命中的画面会深藏于大脑，也许永远都想不起来了。我的记性不太好，所以总是用相机拍摄画面，再把照片按照拍摄日期保存在硬盘里，也许这就是我的时间胶囊。自 2008 年以后，我的硬盘里开始出现大量视频，每当回看这些视频时，总有一些不一样的感悟，也能发现一些以前并未关注的细节。从 2010 年开始，我把生活中拍摄的视频剪辑成小短片。这样的习惯我坚持了一段时间，当时剪辑的视频内容是生活片段和我在电台主持音乐节目的情况，也是我最原始的 Vlog。

在做独立摄影师时，我就开始使用镜头语言表达所见和所想，创作的过程让我对这个世界产生的感慨良多，这段经历对我后来拍视频很有帮助。视频是连续的画面，而且还包含拍摄时的声音，这种表达形式比图片更丰富，也更自由。如果划分我的人生阶段，我会根据自己掌握的技能来划分：学习摄影前、图片创作阶段、影像创作阶段。不同的阶段我对世界的看法和表达形式都不相同。

几年前我开始从事摄影教学，工作之余在互联网上开办摄影课，这种使用语言分享知识的方法其实和我在电台主持节目有一些相似的地方，也让我想起刚毕业时在大学当讲师的经历。不过网络授课和电台主持节目有很多不同，网络授课在讲干货的同时还要注重授课风格，如果讲解太枯燥，学员随时会离开，但仅有有趣的形式，缺乏知识点，也不会有好评。还好这几年的摄影课讲下来得到了很多学员的信任，也认识了遍布几大洲的学员，有些还成了好友。

真正开始视频创作是在 2017 年，那时 Vlog 在国内还没有发展起来，从学习到创作的过程充满着惊喜和惊吓，走了很多弯路，但也收获了满满的喜悦。一年前，我整理了一些对短视频创作初学者很有用的基础内容和手机剪辑技巧，并汇总成一门课程。这门课程反响强烈，很多学员在学习后开始创作短视频和 Vlog，也在微信群里问了我很多问题。这让我萌生一个想法：整理一套更加详细的短视频创作资料，内容涵盖器材选择、器材设置、器材使用技巧、拍摄技巧、剪辑技巧，知识结构对应视频创作小白和视频进阶玩家。在整理这套资料时，我把自己走过的弯路总结成了经验也写了进去，这样可以帮助读者少走弯路，于是就有了这本书。

视频拍摄是一个相对复杂的流程，如果通篇文字说教会让很多新手感到信息量太大，很难在短时间内全部消化。在撰写本书的过程中，考虑到部分新手的实际情况，将部分知识点做了标记，新手可先阅读有标记的内容，这样就能在短时间内对视频拍摄有概括性的了解，接下来再阅读自己感兴趣的篇章。

由于每个人拍摄视频所用的器材各不相同，对于录制效果的评判也相对主观，所以书中安排了很多器材的视频讲解，读者可以扫码观看视频，体验不同器材的使用效果。本书的第 3 章、第 4 章、第 5 章是录音器材、稳定器材和灯光选择的专项介绍，在每章开篇就安排了该类器材的概述视频，读者观看视频后对该类器材会有概括性的了解，接下来就可以在这一章中找到最适合自己的器材做深入了解。

每个人都有自己的生活，这是属于每个人的独特经历。本书介绍的是视频拍摄与剪辑的基础方案，视频创作者可以在掌握基础方案后自由发挥，创作出属于自己的精彩，也希望这本书能为你打开视频创作之门。

欢迎添加作者微信（josephzhaopix）进读者群，获取最新学习资讯。

**读者服务**

读者在阅读本书的过程中如果遇到问题，可以关注“有艺”公众号，通过公众号与我们取得联系。此外，通过关注“有艺”公众号，还可以获取更多的新书资讯、书单推荐、优惠活动等相关信息。扫描“有艺学堂”二维码，可以观看本书中的所有视频教程。

扫一扫关注“有艺”

有艺学堂

**投稿、团购合作：**请发邮件至 art@phei.com.cn。

# 目录 Contents

## 第 1 章　什么是 Vlog



## 第 2 章　怎么选择拍摄主机



## 第 3 章　录音器材与录音方案



## 第 4 章　稳定器材与方案

## 第 5 章　灯光的选择与方案



## 第 6 章　Vlog 怎么拍



## 第 7 章　手机剪辑技巧



## 第 8 章　计算机剪辑技巧



## 第 9 章　结束语

# 第1章 什么是 Vlog

# 1.1 Vlog 概述

在如今这个网络发达、资讯传播较迅速的时代，基本上只要打开手机就能接收到各种信息，其中绝大多数信息是你不需要的。实际上，大多数人并不喜欢这种信息堆积的形式，但人们对信息的需求量又极大。因此在经历了创作麻烦、排版麻烦的博客（Blog）时代之后，人们给自己减负进入了更加轻松，并且参与度更高的微博时代。但是，人们很快就对140个字符9幅图的形式感到不满，认为这种形式的信息量不够。如今，已进入到信息量更加丰富，展示形式更多样的Vlog时代。这个过程说明用户对信息量的需求还是很大的，但是要解决创作问题、参与问题和阅读问题。

【视频】Vlog 案例

**Vlog 是 Blog 的升级，“V”即视频（Video），Vlog 就是用视频记录的个人日志。**Blog大家都熟悉，它是一种以图文形式展示的个人日志，内容包括生活记录、知识分享、兴趣爱好展示等。图文下方有留言板，参与者需要登录指定的博客网址，给博主文字留言进行互动。至今还有很多博主采用这种形式和参与者交流，但这种发布信息和互动的形式已经非常落后了，渐渐地创作者和参与者的参与热情都不高了。非常庆幸的是，在我学习摄影的起步阶段，接触到很多优秀的博客，让我在那个没有网课的时代能够学习到摄影知识。我最喜欢的博客是“闪卓博识”，这是Andrew Strauss创立的闪光灯教学博客，虽然其中文版在2013年的最后一天谢幕，但这个博客给了我非常丰富的学习资源。

和博客一样，Vlog以视频的形式展现个人生活或各种知识等，但这种形式在2010年并不是很流行，因为那个时候的网络运行速度和流量价格都限制了这种形式的发展。当然，2010年左右的手机和便携式相机的拍摄能力也不足以“生产”高品质的视频。我最早接触个人日志的拍摄是在2010年，那年9月我买了一台iPod Touch 4，这台音乐播放器和iPhone 4有着类似的性能，可以拍摄720p视频，并且可以使用机内的iMovie剪辑拍摄的视频素材。当时我在电台做音乐节目主播，我用这台播放器拍摄了很多直播节目和日常生活片段。有一次，我去青海湖自驾旅行，就是使用iPod Touch 4拍摄视频的，用佳能50D拍摄照片，回来以后用iMovie剪辑了一段旅游日志。现在看来，这段视频应该是比较原始的Vlog了，基本由B-Roll和照片组成。由于使用iPod Touch 4直接录制的声音并不好，所以我干脆自己配乐。虽然这段视频现在看起来有很多问题：没有同期声、画面不稳定、视频节奏太慢，但在2011年，算是一次不错的尝试。

2018年国内观众开始接触Vlog，2019年拍摄Vlog的人更多。国外的Vlog市场已经很成熟了，很多不同领域的创作者都在拍摄视频，内容不仅包括日常生活和旅游，也包括美食探秘、产品开箱、技能教学、知识分享等。

由于 Vlog 的载体是视频，观众通过订阅可以在博主发布视频的第一时间看到视频。Vlog 的时长并没有严格的定义，理论上多长都可以，这一点不像国内流行的抖音等短视频平台，只能拍摄 15 秒或 1 分钟，大多数 Vlog 的时长可以达到 5 分钟甚至几十分钟，这个时长足以讲清楚一件事，或者展示某个活动的过程。现在的观众更喜欢看身边的人讲述某件事情，相比之下，由专业主播讲解的形式就没有那么亲民了，这就是 Vlog 受欢迎的原因。

**拍摄 Vlog 可以简单到只用手机或卡片机，也可以使用运动相机、微单相机和单反相机。**由于时间足够长，很多创作者并不需要拍摄酷炫的画面吸引观众，靠内容就足够了。当然，不乏一些有创意并且动手能力强的创作者，在 Vlog 里以极其精美的画面讲述故事。

## 1.2 视频拍摄专业名词

当你开始学习视频拍摄时，会遇到很多专业名词：白平衡、对焦模式、对焦区域、快门速度、log、ProRes、升格、B-Roll、4K、伪色、摩尔纹……本书会讲解大多数专业名词的含义，以及使用的场景。**拍摄视频和拍摄图片既有相似之处，也有不同，建议刚接触视频拍摄的创作者从手机拍摄开始练习。因为手机拍摄涉及的技术参数较少，也不需要调整太多参数，使用手机拍摄主要可以练习镜头语言，以及构图、曝光和用镜头语言讲故事的技巧。**器材使用的难易程度和学习成本直接影响着使用器材的频率，身边有很多初学者由于对视频拍摄没有太多概念，一开始就使用微单相机拍摄，在拍摄时完全不知道应该如何使用相机，就更谈不上拍摄出好作品了。

就像学英语一样，基本上掌握最常用的 200 个单词，就可以开始使用英语做最简单的交流。视频拍摄与此类似，无须系统、深入地学习和全面掌握技术，就可以开始创作，只需懂得基本概念和基础技巧就可以。本书就是以讲解基本拍摄技巧为主的一本工具书。

后续章节将从拍摄所需要的各类器材着手，分别讲解这些器材在拍摄视频过程中的用途、使用方法和使用案例。

# 1.3 为什么我拍的视频不好看

很多人在刚接触视频拍摄的时候并没有经过系统的学习，所以创作初期拍摄出来的作品往往都不够理想，这会让创作者很受挫。其实，只要掌握基本原理就可以快速拍摄出较为专业的视频。一段视频不够理想、好看的另外一个原因就是视频中有大量无效片段，这些无效片段看上去很不专业，也很难让人继续往下看。

这些无效的视频片段包括抖动、脱焦的画面和不知所云的移动画面，以及曝光不正确的镜头、忘记打开麦克风的镜头。

**抖动是视频拍摄的大忌，晃动幅度过大拍出的画面很难让人集中精力看下去，这多半是没有使用稳定方案导致的。**比如，没有技巧的手持拍摄、运动中的拍摄、运镜中没有使用三脚架和云台、运镜和移动拍摄中没有使用稳定器、忘记打开相机或镜头防抖功能。抖动的画面在相机屏幕上看或许不太明显，但在大屏手机、平板电脑、计算机显示器或电视上看的时候就会非常明显，这些抖动的画面会让人产生眩晕感。

【视频】无效视频集锦

脱焦指的是相机没有精准对焦。由于视频拍摄是处于运动中的，画面里的人在运动，摄影师可能也在移动，**如果没有选择正确的对焦方式和对焦区域，可能导致拍摄的人物没有合焦，也就是说被拍的人是模糊的。**这样的视频看着让人感觉很难受，就像近视眼没有戴眼镜，而且这样的视频在后期是无法修复的。

**不知所云的移动，指的是摄影师在拍摄一个长镜头时，对哪里感兴趣就把相机镜头指向哪里，这是视频拍摄新手最容易犯的错误。**看视频的人会感觉画面总是在移动，运镜完全没有章法，这样做的结果还不如拍摄很多片段素材，每个素材里只用一种运镜形式。关于运镜的方法会在后面的章节讲解。

拍摄视频时，可能会频繁地变更环境，比如，室内和室外、白天和晚上，抑或是多云间晴。这样的环境光线变化会使视频的曝光发生变化，如果不及时调整相机，可能会导致画面忽亮忽暗。这种一片死白或死黑的画面很难吸引人看下去，所以控制曝光是拍摄视频的一个关键点。

**视频中的声音比视频本身有吸引力，没有声音的视频绝对不会成为节目，但是没有画面的声音却可以。**很多时候，由于创作者的失误或者麦克风不好用，在拍摄时有可能没有打开相机安装的麦克风，那么这段视频完全不会有声音。如果拍摄的是风光，还可以通过后期搭配音乐补救，如果拍摄的是主播介绍相关信息的画面，则完全不可用。和视频中没有声音同样糟糕的是视频中的声音很劣质，比如，听不清主播说的话、麦克风电流声太大、背景环境音太过嘈杂而听不清人声、声音太小听不清、声音太大完全爆掉。这些问题和使用了廉价的麦克风或者麦克风使用不当有关，也可能是缺乏录音技巧。

如果希望自己拍摄的视频好看，首先要少拍上述这种无效素材，在这个基础上，画面好看、运镜得当、讲故事条理清晰、视频剪辑精美都会给视频加分不少。

## 1.4 如何开始 Vlog 拍摄

如何开始 Vlog 拍摄是人们问的最多的问题，让一个 Vlog 爱好者没有信心的原因主要有：我没有合适的拍摄器材；我不会剪辑；我的生活并没有多么精彩，也没有什么可分享的内容……正是这些因素的影响，大多人对开始拍摄 Vlog 犹豫不决，有可能某一天这些条件都具备了，也看了大量精美的 Vlog，终于下定决心开始拍摄，但又不知道从何下手了，Vlog 创作再度陷入难产。反复经历上述困境之后，创作者可能终于下定决心拍摄，但是剪辑的成片看上去根本没有成就感，既不精美，内容又无趣，这个经历会严重影响爱好者的再创作。

### 需要提前说的几点注意事项

**“我的生活可能并不独特。”**

如果你不是明星，那么你的生活可能没有那么丰富，生活中也不会频繁遇到各种美景和有趣的事，但不可否认，你的生活中一定有对于别人来说有趣的内容。**Vlog 就是把自己的生活分享给别人，**总有人的生活和你的不同。每天都会做的事情：学习、看书、追剧、游戏、做饭、上班、通勤、兴趣爱好，对你来说是重复，但对别人来说或许很新鲜，比如谈一下你看一本书的观点、展示一下你的拿手菜。

**“我不知道怎么开始拍摄一段 Vlog。”**

**拍摄 Vlog 贵在坚持，**很多随便拍摄就能拍出一段精彩视频的爱好者也可能会遇到无事可拍的尴尬境地，陷入 Vlog 拍摄完全无法继续运转的局面。这种情况的解决方案是这样的：就像学习摄影一样，作为一位摄影讲师，我建议刚入门的新手先选择一个题材进行拍摄，只要对选择的题材有兴趣，持续拍摄就可以，这个题材未必会成为你日后长期拍摄的主题，但你在拍摄的过程中一定会更加熟悉拍摄器材，会学习更多构图和曝光技巧，也会加深和摄友的交流。摄影是动态的学习过程，在这段经历中，你有可能会发现新的兴趣点，这是你对自己的摄影水平有了全面了解和对自身条件重新评估之后做出的二次选择，在这个全新的拍摄主题中，你会更容易做出成绩。**拍摄 Vlog 也是如此，可以先选择一个题材进行拍摄，因为你拍摄的前几个视频都是试验品，也无须对这些成品的质量担忧，只要继续拍下去就可以了。**

**“我拍的视频并不好看。”**

**没有任何一个创作者的第一部作品就非常理想，连大导演也做不到。**我们要接受前期作品都是试验品的事实。在拍摄完 Vlog 并将其上传到网络以后，可以看看大家的反应，也可以听听身边人的反馈，要思考 Vlog 成品中的不足之处，以及如何在下一次拍摄中优化。Vlog 不成功的原因可能包括画面不好看、不会讲故事、故事冗长、剪辑粗糙等。针对这些问题可以找一下原因并逐步改善，比如，画面不好看可能是拍摄场景不理想、现场光线不理想、相机设置不正确、相机等级不够等因素造成的。不会讲故事也是新手经常遇到的问题，在遇到这类问题时，可以设计一个故事脚本，再根据脚本拍摄，很多纯靠脑子记忆、靠嘴巴发挥的 Vlog 都会导致由于没有预先设计而缺乏逻辑和看点的问题。多看电影、短片和成功的 Vlog 也能学习讲故事的技巧，可行的改进方案就是先用简单的方式讲故事，熟练之后再有所创新。**新手遇到的很现实的一个问题就是视频冗长，为了说而说，这样枯燥的没有太多变化的画面没有人能坚持看完，**所以在录制中尽量不要说太多无意义的废话，要做到拳拳到肉，不要担心视频太短，需要担心的是视频太长。剪辑粗糙必须通过学习剪辑技巧来弥补，在学习如何使用剪辑软件的同时要多看影视剧，看看影视剧是如何在类似的环境中摆放镜头，衔接不同景别的画面的，带着问题看电影一定能发现解决方案。

对于如何开始拍摄 Vlog，结论就是：选择一个拍摄主题，规划大致分几期进行展现，然后着手去拍就可以。**拍摄的器材和拍摄方案都要选择最简单的，不要在对相机、镜头、麦克风、灯光和稳定器没有任何概念的时候就买一大堆器材。**同时购入这么多器材需要很多钱，同时也增加了大量的学习成本，一旦没有同时掌握它们的使用技巧，就会陷入怀疑人生的痛苦中。最可行的方案就是使用手机或手头的相机进行初步创作，最多购置一款麦克风。这样简单的器材不会让创作者在初期产生太大的压力，只要主体合适，手法娴熟，简单的设备也能拍出吸引人的视频。等作品逐渐成熟，感觉手头的器材影响作品质量时，再根据创作需要选择其他配件，那时你会对需要购入的器材有更明晰的选购思路。

拍摄 Vlog 就是从想到做，再到边想边做的过程。

# 第2章 怎么选择拍摄主机

当你下定决心拍摄 Vlog 时，一定已经看过大量 UP 主拍摄的作品。这些 Vlog 作品可以带你看到作者的欢乐旅程、有趣的知识分享、各种神奇产品的开箱……看完之后你或许会萌生想法："我也能拍 Vlog。"伴随而来的第一个问题就是："我用什么器材拍摄？"

视频社交平台上有使用各种器材拍摄的 Vlog，小到运动相机，大到电影机，使用这些器材拍摄的作品效果不一样，使用场合不同，拍摄时需要掌握的操作技巧、剪辑技巧也不相同。

每个人对 Vlog 都有自己的理解，有的作者"重精不重量"，有的作者要保持较高的更新率。**从器材使用由易到难的复杂程度和使用成本角度来说，在不追加更多投入的情况下，手机是最容易使用的拍摄器材。**

# 2.1 手机就可以拍摄 Vlog

手机上的摄像头，最初大概只有 30 万像素，那时没有人认为手机是摄影器材，这种摄像头顶多可以拍摄一张来电大头贴，或者实现简单的视频通话。如今新上市的手机，能看到很多标签：约 4000 万像素、4K 视频、H.265 编码、光学变焦、超广角、光学防抖、弱光摄影、美颜、AI……手机性能已经今非昔比。随着众多手机摄影国际赛事的展开，手机也渐渐成为受欢迎的摄影器材（图 2-1）。

2018 年春节陈可辛用 iPhone 录制的影片《三分钟》和 2019 年春节贾樟柯拍摄的《一个桶》都震撼了很多观众，原来每个人手里的手机居然可以创作影视作品，那么用来拍摄 Vlog 这种生活化的短视频一定是绰绰有余的了。不过在面对市场上各种商业宣传的同时，还要正视手机拍摄视频的性能，这样才能物尽其用，在最擅长的拍摄场景发挥手机的性能。

## 2.1.1 手机拍摄性能

手机的拍摄性能和手机影像部分的光学结构、影像处理器性能，以及手机处理器性能都有关系。

光学结构决定了手机摄像头的视角、焦段、光学素质，单摄像头时代的手机摄像头从 33mm（与 35mm 相机系统等效）发展到 28mm，再到 26mm，摄像头视角越来越宽广。手机搭载双摄像头以后，绝大多数手机主摄像头（广角）负责多数情况的拍摄，另一个摄像头（长焦）负责拍摄人物。后来也出现过很多摄像头的分配方案，比如一个负责彩色影像、一个负责黑白影像。2019 年，手机的发展趋势是拥有多个摄像头，包含超广角（与 35mm

相机系统中的 16mm 焦段等效）和光学变焦镜头。这让手机可以适合更多场合的拍摄，甚至可以覆盖日常生活中的人像、风光、微距、弱光等拍摄需求。

▲ 图 2–1

影像传感器是相机的影像采集单元，这个电子元件决定了手机的像素和影像的品质。目前主流的手机摄像头影像传感器尺寸规格大约为 1/2.5 英寸，有些产品甚至达到 1/1.7 英寸，这样的传感器规格已经是入门级卡片机的规格了。为了使手机在轻薄的机身下实现更大的广角和更长的焦段，只能使用多个摄像头和更新的算法来实现，手机的拍摄功能和拍摄效果已经逼近入门级卡片机，这也是这几年入门级卡片机逐渐淡出大众视野的原因。

手机的处理器性能也决定着手机的拍摄性能。由传感器进行光电转换之后的数字信号需要手机处理器来处理，从 1080p 全高清到 4K 视频的数据量是倍增的，这些增加的数据量都需要更新款的手机处理器才能完成。手机拍摄视频的帧率也从早期的 24 帧增加到 50 帧（某些 N 制视频国家为 60 帧），甚至 100 帧（某些 N 制视频国家为 120 帧）。这些升格视频的数据量也随着帧率的增加而增加，而这些数据处理工作也由手机处理器来完成。HDR 视频和 AI 的介入，也需要手机处理器提供运算，每一代手机处理器的更迭，都给新手机带来了更强劲的拍摄性能。

### 分辨率

像素是很多手机厂家用来宣传手机性能的最大卖点。2019 年，市场上主流的手机拍

▲ 图2-2

照分辨率有4000万像素、2000万像素、1600万像素、1200万像素。这些分辨率对于视频拍摄有意义吗？答案是有的，但并不是像素越高的手机拍出来的视频就越清晰。**视频的清晰度指标叫作分辨率，主流的分辨率包括4K、1080p全高清、720p高清。**

**4K是目前手机能拍摄的分辨率规格最高的视频了，水平清晰度为3840像素，垂直清晰度为2160像素，约830万像素，宽高比为16：9。**这个分辨率拥有极高的解析力，分辨率相当于1080p的4倍，如果在拍摄时采用4K分辨率，后期输出的时候使用1080p全高清分辨率，那么在后期剪辑视频的时候，对视频进行裁剪就不影响视频成片的清晰度，所以推荐手机容量大、计算机性能强的创作者采用4K分辨率来拍摄。

**1080p是手机拍摄和网络分享的主流分辨率，水平清晰度为1920像素，垂直清晰度为1080像素，约207万像素，宽高比为16：9。**如果摄影师的手机容量不大，剪辑时也不会对视频进行二次剪裁，完全可以使用1080p全高清分辨率进行拍摄。就目前的存储成本和计算机性能来说，推荐创作者采用1080p全高清分辨率拍摄。

**有的手机里还有720p高清视频格式选项，水平清晰度为1280像素，垂直清晰度为720像素，约92万像素。**这种清晰度只能在后期剪辑视频时当作画中画使用，或者用来记录对画面细节没有要求的视频，所以并不建议摄影师在拍摄作品时使用此格式。

通过上面的介绍，不难发现，要想拍摄4K分辨率的视频，手机只需约830万像素就够了。考虑到视频的宽高比是16：9，照片的宽高比是4：3，要想拍摄4K分辨率的视频，传感器的像素只需1200万像素就够了，这也是iPhone旗舰手机iPhone XS Max的像素只有1200万的原因。由于各厂家的手机对于拍摄的算法不同，所以更高像素的手机在拍摄4K分辨率的视频时表现力也有所不同。

### 防抖

视频防抖功能在近几年有了长足的进步，在拍摄图片和视频时，都能带来很好的体验，这对于一个Vlog创作者来说是极好的。**在防抖功能的加持下，很多行走中的自拍或者手持拍摄都能得到稳定的画面。**

目前的手机品牌中，旗舰款基本都配备了光学防抖功能。这种防抖功能是通过机械结构和运算使手机镜头中的镜片和运动方向相反，从而抵消部分抖动带来的图像模糊的。这样做的好处是可以使用手机摄像头传感器的最大面积来拍摄，画质更好，不过镜头模组会更大一些，结构也更复杂。

数码防抖是最早出现的防抖形式，这种做法是通过裁剪画面实现的。当抖动发生时，手机摄像头根据抖动的幅度，在传感器上移动裁剪的位置为手机带来防抖的效果。和光学防抖的区别是，数码防抖只是利用相机传感器的部分面积成像，理论上，数码防抖得到的影像画质不如光学防抖的好。数码防抖的优势在于镜头模组结构简单，体积更小。

还有一种防抖形式是光学防抖和数码防抖共同作用的混合型防抖，它的效果更好。

### HDR 视频

由于屏幕显示技术的提升和影视工业的发展，视频的创作进入了 HDR 时代。**HDR 是 High-Dynamic Range 的缩写，意思是高动态范围。**由于手机和相机直接记录的照片和影像的动态范围有限，所以需要独特的采集方案和算法，使照片和视频画面能记录更宽广的亮暗范围，HDR 技术是最直接的解决方法。

手机的影像传感器要远小于微单相机的影像传感器，所以图像质量和视频质量也和微单相机相差甚远，特别是在高密度像素排布的情况下，每个像素点同一时刻记录的影像动态范围和微单相机有很大区别。要提升视频拍摄时的宽容度，就需要利用 HDR 的独特算法了。苹果手机的做法是在 30fps 的视频中提供高动态范围的视频记录。

### 弱光

**弱光影像素质的提升是手机视频拍摄性能提升的重点之一，在这个方面各厂家手机的做法类似。一是通过升级像素点尺寸或改变像素点结构来实现，二是通过增加光圈尺寸和增加曝光时间来实现。**

升级像素点尺寸就意味着更低像素，或者增大影像传感器面积。降低像素是把双刃剑，苹果公司的做法比较保守，iPhone 手机只维持了能够拍摄 4K 视频的最低像素，也就是静态照片约 1200 万像素，动态视频约 830 万像素。这一点对于提升弱光下拍摄 4K 视频有好处，但在拍摄静态照片时分辨率就会拖后腿。很多 Android 手机的做法是提升传感器尺寸和改变传感器像素点结构来提升弱光下拍摄的视频的表现。

另外一个解决方案是影像界的通用解决方案，就是增加摄像头的进光量，比如，使用更低的帧率或者让视频自动降帧来完成弱光下的视频拍摄。

在弱光下拍摄视频对于影像传感器很小的手机来说有些难度。在手机传感器没有明显的尺寸增加或性能提升的前提下，在弱光下拍摄视频比较困难，所以使用手机拍摄还是以光线充足的环境为主。

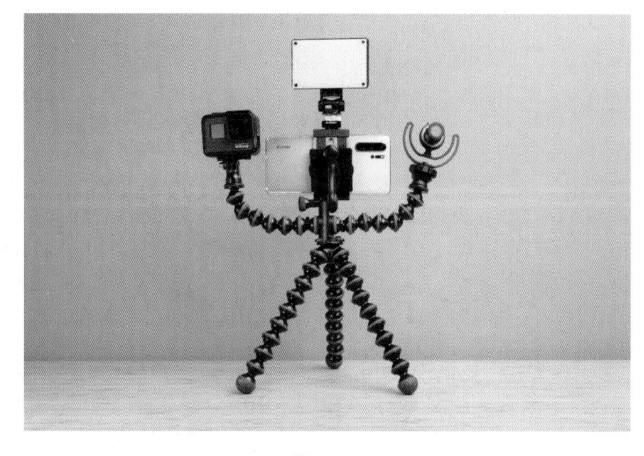

▲ 图 2–3

### 变焦

**手机目前有两种变焦方式，一种是数码变焦，一种是光学变焦。**

数码变焦是以牺牲清晰度为代价的变焦方式，绝大多数手机都使用这种变焦方式，因为采用这种方式的手机摄像头模组结构简单。当**使用以数码变焦方式进行拍摄的手机拍摄视频时，为了保持最好的视频质量，尽可能使用原始视角完成拍摄，**因为变焦会带来画质的损失。当拍摄宽广的广角或者长焦画面时，就需要通过在手机摄像头前增加附加镜头来完成拍摄。

光学变焦是近几年开始流行的一种变焦方式，由于光学变焦需要更长的光路，往往这个长度已经超过了手机的厚度，所以很多厂家采用的是潜望镜式结构，把摄像头模组平躺着放进手机，再通过 45° 角的镜片取景。**这种光学变焦结构是目前解决无损变焦的最好方式。不过随着光学变焦倍数的增大，防抖性能也会进一步降低。**

### 帧率

**帧率是以帧为单位的位图图像连续出现在显示器上的速率，简而言之，就是每秒钟显示多少个画面，用 fps 表示。主流的帧率有 24fps、25fps、50fps、100fps。在不同视频制式的国家，视频的帧率标准也不同，全球主流的两大视频制式是 PAL 制式和 NTSC 制式。PAL 制式视频的帧率为 25fps、50fps、100fps，NTSC 制式视频的帧率为 30fps、60fps、120fps。**其实，PAL 制式和 NTSC 制式的视频规范还有很多，这里不详细讲解。这两种制式是电视显示规范，如果使用手机拍摄的视频只需要在网络或者计算机上浏览，而不是在电视台播出，则无须太过关注这个问题。

以 NTSC 制式视频标准为例，如果拍摄的视频机位保持静止，画面中的人物或景物也没有太多运动，视频使用 30fps 帧率就可以了。

如果拍摄运动的场景，或者在静止的画面中有运动的人或物，或者拿着手机在运动中拍摄，为了使画面更清晰、锐利，推荐使用 60fps 帧率。

**在弱光环境下拍摄需要降低帧率，让手机影像传感器接收到更多的光线，这时可以使用较低的帧率，如 24fps 或 30fps 来拍摄。**以 iPhone 为例，只有选择低帧率拍摄视频，菜单里才会有自动低光帧率选项。

### 慢动作

**慢动作是视频创作中重要的拍摄手法，其实就是在拍摄时使用比标准帧率更高的帧率采集画面，回放时使用标准帧率获得慢动作效果，这种拍摄手法被称为升格。**慢动作视频在体现高速运动的画面时艺术效果较好，是 Vlog 拍摄的重要技法。

手机中常见的慢动作的帧率是 120fps、240fps，有的手机甚至做到 960fps。120fps 可以实现 4 倍速慢动作（以 30 帧为基准），240fps 可以实现 8 倍速慢动作，高帧率对于运动物体的表现效果更好，960fps 则可实现 32 倍速慢动作，对高速运动的物体有很好的“凝固”效果。

**使用手机拍摄慢动作（升格）视频需要注意保持光线充足，否则视频的画质会很差，**特别是拥有拍摄 960fps 帧率视频能力的手机，拍摄时已经对每一帧画面进行压缩，如果拍摄时光线不够充足，视频质量将惨不忍睹。

延时摄影

**延时摄影是一种将时间压缩的拍摄技术，可以将较长时间的拍摄过程压缩在较短的时间之内以视频的形式播放出来，给人一种快速播放的感觉。**手机通过每隔固定的时间拍摄 1 张照片，然后以标准帧率播放来获得视频效果。比如，每秒钟拍摄 1 张照片，一分钟时间就拍摄了 60 张照片，将这 60 张照片按照 30fps 的帧率播放，也就是 2 秒钟的视频，观众就在 2 秒钟之内看到了 1 分钟内发生的影像变化。利用延时摄影拍摄交通状况、日出日落、某个任务的完成进度都是很好的做法。

▲ 图 2-4

延时摄影需要很长时间，因此保持机位的稳定很重要，使用三脚架或者用吸盘固定都是很好的做法（图 2-4）。如果在交通工具上或建筑物内拍摄户外的延时视频，可以使用大力胶把手机贴到玻璃上增加稳定性，这样也可以消除玻璃上的反光。另外，**在弱光环境下拍摄的延时视频比直接拍摄的视频画质更好。**

使用手机拍摄高品质的视频需要设置合适的参数，苹果和安卓手机在内置拍照 App 的设计思路上不同，苹果手机拍照 App 比较简约，安卓手机拍照 App 有更多可玩性，下面以两种手机为例介绍相机参数设置。

## 2.1.2 苹果手机拍照 App 设置

苹果手机拍照 App 的界面比较简约，只有简单的模式选项。视频拍摄模式包括“延时摄影”、“慢动作”和“视频”3 个选项。

视频

在拍摄视频时，轻点屏幕确认对焦点，当出现黄色的对焦方框时，在方框右侧向上滑动会发现小太阳图标向上移动，此时画面变亮，这样可以提升画面的整体曝光。向下滑动会发现小太阳向下移动，此时画面变暗，这样可以降低画面的整体曝光。点击界面中的红色圆点（快门键）就可以开始录制视频了。如果在拍摄过程中移动手机，手机的曝光会跟随当时场景的综合亮暗程度自动做出调整，手机的对焦点也会随着画面的移动自动改变，画面的色温也会随着场景的变化自动调整冷暖。

在拍摄视频时按住屏幕上要对焦的物体保持不动，会看到黄色的方框变大并闪烁，之后重新恢复原有大小，此时手机的曝光和对焦模式都被锁定。当移动手机拍摄时，焦点保持在锁定时设置的位置和距离，曝光也以锁定时的曝光为基准，不会自动提升或降低画面整体亮度。

**慢动作**

在拍摄慢动作时，苹果手机只能对对焦、变焦和曝光补偿进行确认，方法和视频拍摄相同，确认对焦与曝光后点击红色的快门键开始拍摄。

在相册里回放拍摄的慢动作时，头尾的播放速度都是正常的，中间部分是慢动作。为了使后期剪辑素材更加方便，建议手动修改慢动作开始和结束的位置。具体方法是在相册里找到这个视频，打开视频后点击右上角的“编辑”按钮，拖动视频下方的短竖线，改变慢动作开始和结束的位置，再点击屏幕左下角的蓝色播放按钮回放视频查看效果。如果是在手机里剪辑视频，可以将慢动作的起止点和整段视频的起止点调整好，点击“保存”按钮，导入剪辑软件进行编辑。也可以将慢动作的起止点拖至视频的起止点位置，让整段视频均为慢动作，后期在计算机中剪辑时再选择慢动作的起止点。

**在室内拍摄慢动作，或者在拍摄慢动作时有照明灯光，可能会发生画面闪烁的情况，可以使用高品质的 LED 灯代替屋内照明灯，因为高品质的 LED 灯是不会闪烁的。**

**延时摄影**

苹果手机的延时摄影操作很简单，能够操控的只有对焦、变焦和曝光补偿这 3 个选项。苹果手机的延时摄影并没有间隔拍摄的参数设置，这是苹果极简设计理念的结果。所以在拍摄一段视频之后能生成多长的延时视频成品并不确定，**苹果手机对延时摄影只做了最终成品的时长限制，无论拍摄多长的视频，最终生成的延时视频成品时长都不会太长，所以要想精准地控制视频成品的时长，建议使用第三方 App。**

▲ 图2-5

**苹果相机 App 的参数**

当使用苹果相机 App 拍摄视频和照片时，界面比较简洁，很多设置需要在菜单里进行，以 iPhone XS Max 为例，依次点击“设置”→“相机”选项。

**建议打开“网格”选项（图 2-5），打开此选项之后，取景屏幕上就会出现九宫格辅助线，在构图和保持画面水平时都能作为参考依据。**

“录制视频”选项里包含 6 种视频分辨率和帧率的组合，用于满足不同的拍摄环境和拍摄题材（图 2-6）。

- 720p HD，30fps：高清记录格式，为了节约相机空间，以记录内容为主，视频不做后期分享使用。

- 1080p HD，30fps：目前主流的视频分辨率格式，可以作为拍摄视频素材的主要格式，是以拍摄静态画面为主的首选视频格式。
- 1080p HD，60fps：目前主流的视频分辨率格式，如果拍摄的视频内容里有高速移动的人或物，建议使用此格式。回放中运动物体的动作更流畅，同时也可以在后期利用此格式的素材得到一个2倍速的慢动作视频。
- 4K，24fps：高清晰度的视频格式，利用此帧率可以拍摄电影感很强的画面。由于4K视频可以提供1080p HD的4倍分辨率，如果最后输出的视频成品分辨率是1080p HD，还可以在剪辑时对画面的尺寸进行裁剪。
- 4K，30fps：高清晰度的视频格式，由于大多数视频拍摄的器材都以30fps为主要拍摄帧率，这个设置有利于和其他素材在一起剪辑。如果最后输出的视频成品是1080p HD，还可以在剪辑时对画面的尺寸进行裁剪。
- 4K，60fps：高清晰度的视频格式，如果拍摄的视频里有高速移动的人或物，可以使用此格式，提高运动物体运动的流畅度，同时也可以在对视频进行后期处理时利用此格式的素材得到一个2倍速的慢动作视频。如果最后输出的视频成品分辨率是1080p HD，还可以在剪辑时对画面的尺寸进行裁剪。

打开“录制慢动作视频”界面可以调整慢动作视频素材的录制帧率，回放视频时实现不同倍率的慢速播放，iPhone XS Max 里的“录制慢动作视频”界面有两个选项（图 2-7）。

▲ 图 2-6

▲ 图 2-7

- 1080p HD，120fps选项：可以实现4倍速回放，每分钟的回放素材大小约170MB。
- 1080p HD，240fps选项：可以实现8倍速回放，每分钟的回放素材大小约480MB。

### 2.1.3 FiLMiC Pro 介绍

▲ 图 2-8

由于苹果手机采用了极简设计，相机 App 呈现的形式也很简洁，因此催生了大量第三方 App 以增强苹果手机的拍摄性能，FiLMiC Pro（图 2-8）就是众多第三方 App 中的一个。由于其强大的性能和手动调节功能，可以最大限度地挖掘苹果手机在拍摄视频时的性能。**使用 FiLMiC Pro 拍摄视频可以分别控制对焦位置与测光位置、自定义白平衡、自定义拾音麦克风、打开或关闭防抖功能、手动设置拍摄和回放的帧率、修改快门速度、作为专业的监视器工具、实时查看 / 监听音量、设置是否允许使用 log 曲线。**利用这些功能可以把苹果手机打造成一台强大的录影机，也可以在手机屏幕上加载强大的监视器工具，并且可以拍摄出专业的视频（图 2-9）。

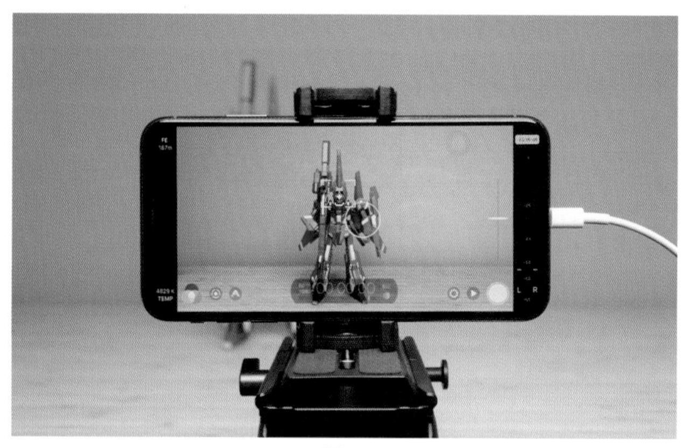

▲ 图 2-9

**FiLMiC Pro 的界面**

FiLMiC Pro 的界面比较清晰、简洁，很多工具被隐藏在二级菜单中，画面左下角的 3 个图标分别为“色彩控制工具”“曝光与对焦控制工具”“实时分析工具”，正下方为时间码与示波器，右下角的 3 个图标为“设置”“视频素材”和“录制”按钮。右侧构图区域内的滑块为变焦杆，右侧构图区域外的为录音电平表（图 2-10）。

**对焦操控**

利用 FiLMiC Pro 的对焦操控可以在点对焦和中央对焦两种对焦模式之间切换，也可设置为连续对焦、锁定对焦和手动对焦。

画面中的方框就是点对焦区域，可以用手拖动方框至需要对焦的区域，此时双击方框可将方框放得更大且位于画面中央，这时对焦模式变为中央对焦，再次双击可切换回点对焦模式（图 2-11）。

▲ 图 2-10

在拍摄时，线框为白色即为连续对焦模式，双击线框会使线框变成红色，即锁定对焦距离，在线框上长按可以调出画面右侧的手动对焦滑块（图 2-12）。

▲ 图 2-11

▲ 图 2-12

**曝光控制**

利用 FiLMiC Pro 的曝光操控功能可以在点测光、区域测光和手动曝光之间切换。

画面中的圆圈就是测光点，可以用手拖动圆圈至需要测光的区域，此时双击圆圈可放大画面中央 70% 的区域，这时测光模式为区域测光。再次双击可切换回点测光（图 2-13）。

在拍摄时，线框为白色即为点测光模式，双击线框会使线框变成红色，即锁定测光。在线框上长按可以调出画面左侧的手动曝光滑块，滑动滑块即可改变曝光。这时左侧显示的两个数值分别为感光度和快门速度，滑动滑块时感光度和快门速度会同时变化。如果希望锁定其中一个数值，只需点击该数值，当数值变成红色时即被锁定（图 2-14）。

▲ 图 2-13

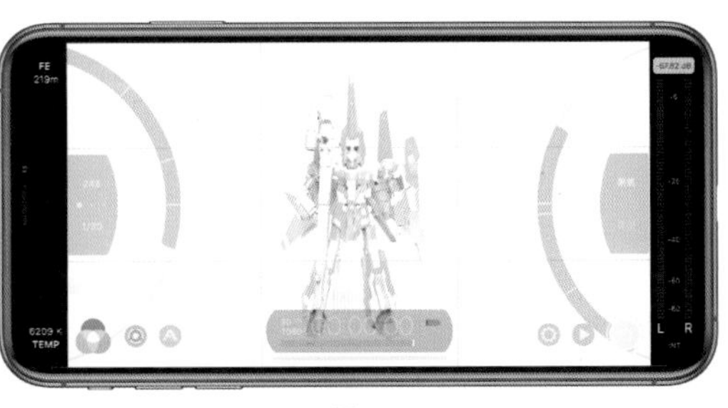


▲ 图 2-14

### 色彩控制

FiLMiC Pro 主界面左下角的第一个按钮用于控制色彩，点击该按钮可以设置拍摄时的色彩。

在“白平衡与色温”设置界面，可以手动指定白平衡，也可以单独调整色温和色调。界面最下方有一排白平衡预设：白炽灯、日光、多云、节能灯、个人 A、个人 B、自动（图 2-15）。

“风格化”设置界面包括 4 种色调：Natural、Dynamic、Flat、LogV2，这 4 种色调可以在不同的光比和拍摄环境中应用，选择哪种色调要根据摄影师的喜好和后期处理需要决定。中间的工具可以控制曝光的程度和细节，下方的工具可以微调阴影和高光（图 2-16）。

在图 2-17 所示的界面，点击右上角的色彩工具可以一键消除画面中的彩色噪点和因高感光度产生的噪点。中间部分的 3 个选项可以分别控制 R、G、B 通道，下方的选项用于调整饱和度和抖动。

在 FiLMiC Pro 主界面，手动控制可以同时控制画面的曝光（左侧）、对焦和变焦（右侧）（图 2-18）。

▲ 图 2-15

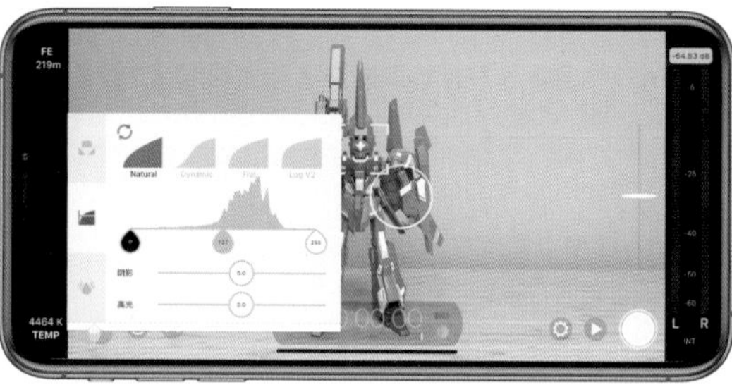

▲ 图 2-16

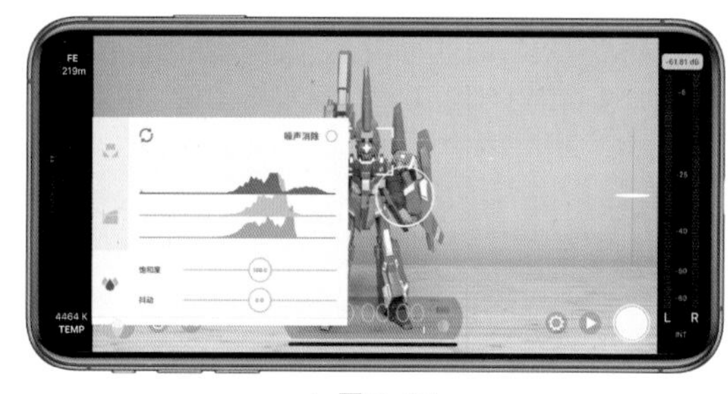

▲ 图 2-17

▲ 图 2-18

上下滑动左侧半圆上的滑块可以控制画面的曝光（图 2-19、图 2-20）。

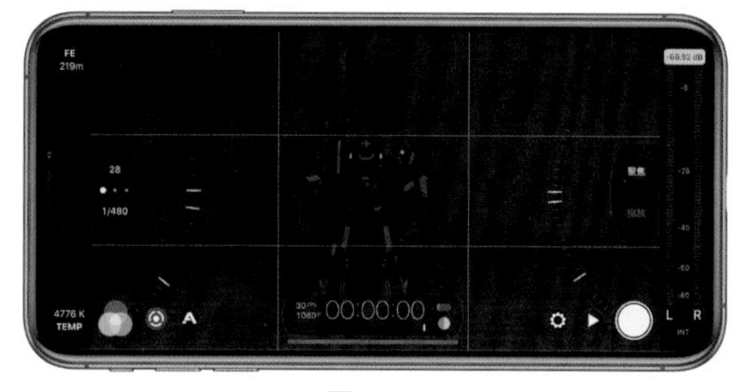

▲ 图 2-19

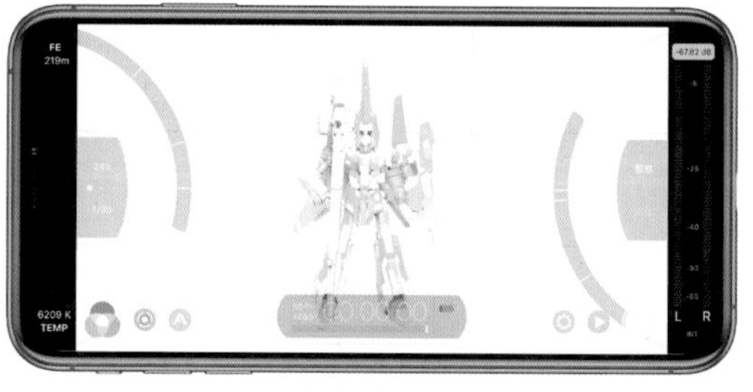

▲ 图 2-20

轻点右侧的“聚焦”选项，滑动右侧半圆上的滑块可以手动对焦（图 2-21）。

轻点右侧的“缩放”选项，滑动右侧半圆上的滑块可以调整变焦（图 2-22）。

▲ 图 2-21

▲ 图 2-22

**实时分析工具**

点击左下角的“实时分析工具”，界面上方会出现 4 个监视器工具（图 2-23）。

- 利用斑马纹工具可以查看画面的曝光情况，确认亮部和暗部的明暗程度。红色斑马纹标记亮部，蓝色斑马纹标记暗部（图2-24）。

▲ 图 2-23

▲ 图 2-24

- 曝光区域工具可以将亮部和暗部区域标记出来，红色为亮部，蓝色为暗部（图2-25）。
- 伪色工具能很好地帮助摄影师查看曝光，绿色代表曝光正常，红色代表曝光过度，蓝色代表曝光不足（图2-26）。

▲ 图 2-25

▲ 图 2-26

- 峰值对焦可以帮助摄影师确认对焦，绿色代表关键焦点（图2-27）。

轻点界面正下方的时间码与示波器可以切换选择不同的示波器类型。

不同类型的示波器显示的效果也不同（图 2-28 至图 2-31），摄影师可以通过示波器查看曝光情况和白平衡情况，在显示时间码界面手动拖动屏幕下方的滑块可以修改录音电平增益。

### FiLMiC Pro 的设置

在 FiLMiC Pro 中，还可以轻点“分辨率”“帧速率”“音频”“设备”“预设”“内容管理系统”“硬件”“同步”“社区”“概览”“稳定性”“相机”“电筒”“指南”“信息”等图标，进行相应的设置（图 2-32）。

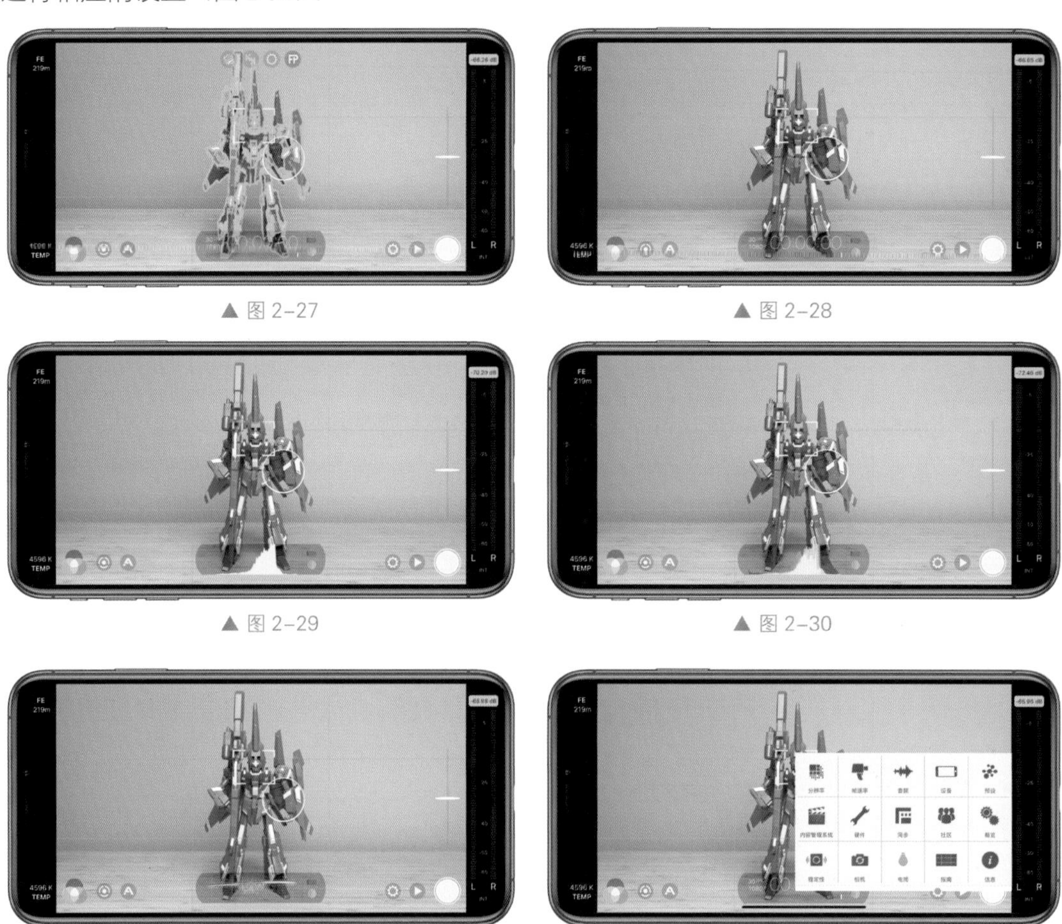

▲ 图 2-27　▲ 图 2-28

▲ 图 2-29　▲ 图 2-30

▲ 图 2-31　▲ 图 2-32

FiLMiC Pro 预设了和不同手机摄影配件厂商的组合应用方案，例如，DJI OSMO Mobile、Zhiyun Smooth 4、Movi Cinema Robot、Moondog 图像 2.40：1 适配器等。在和这些配件搭配使用时，可以在拍摄中体验到更多运镜的便利性和专业镜头视角。如果仅使用手机拍摄视频，或者希望用手机拍摄最高画质的视频，建议使用这款 App。

## 2.1.4 安卓手机拍照 App 设置

大多数安卓手机把拍照和摄像参数选项都放进了相机 App，安卓手机机型众多，这里以华为 P30 Pro 手机的相机 App 为例，介绍拍摄的挡位和参数设置。在相机 App 界面可以直接调用的拍摄挡位有“录像”，在“更多”选项里包含“慢动作”和“延时摄影”两个选项。

### “录像”挡

安卓手机“录像”挡位的操作和苹果手机类似，也需要先选择对焦点并确认对焦。轻点屏幕上要拍摄的物体，在取景器中出现一个圆圈，此时的焦点就在圆圈内，测光也以这个点为主。当移动手机重新构图时，需要根据具体情况重新确认焦点和测光模式。如果长按屏幕上的某个点，手机的焦点和测光都会被锁定，这时再移动手机，焦点和手机之间的距离并不会改变，曝光标准也以拍摄时确认的点为基准，不会随意发生改变。如果想改变曝光补偿，只需用手点按圆环右侧的小太阳，向上（增加曝光）或向下（降低曝光）滑动即可。华为 P30 Pro 的“录像”挡位可以启用美颜功能，拍摄视频时可以实现实时磨皮。视频分辨率可以在相机 App 的设置界面里选择，分别为 4K UHD、1080p FHD+（全屏）、1080p FHD（60fps）、1080p FHD、1080p FHD+（21∶9）、720p HD+（21∶9）、720p HD。

### “专业”挡

点击“专业”挡后，可以选择“专业”挡内的“视频”挡，“专业”视频模式下可以对视频画面的白平衡、对焦方式（AF）、曝光补偿（EV）、测光方式进行调整。

白平衡有“自动白平衡（AWB）”、“阴天”“日光灯”“白炽灯”“晴天”“自定义”等模式。“自动白平衡（AWB）”适合绝大多数拍摄环境（包括光源复杂的环境），在拍摄过程中，手机自动调整白平衡，好处是拍摄者无须担心随时更改白平衡。在拍摄多段视频素材时，有可能这些视频素材的白平衡存在偏差，如果希望锁定视频中的白平衡，使其在一段素材中不会随着环境光的变化而变化，需要用手按住左上角白色的 AWB 字样，AWB 字样连同左上角的点会变成橙色，此时即完成了白平衡的锁定。“阴天”“日光灯”“白炽灯”“晴天”这 4 种白平衡模式有各自适合的色温，使用拍摄过程中，选择合适的白平衡，能使不同素材都有相同的色温表现。选择“自定义”白平衡可以手动设置色温值，在 2800K ～ 7000K 范围内画面的色温从冷到暖，这样可以最大限度地手动介入调整白平衡。

对焦（AF）有“单次自动对焦”（AF-S）、“连续自动对焦”（AF-C）和“手动对焦”（MF）3 种模式。对于大多数视频拍摄来说，“连续自动对焦”（AF-C）是比较实用的选项，手机对画面里的物体连续自动对焦，省去了反复对焦的麻烦。如果在画面中有明确的对焦对象，并且为固定机位拍摄，手机和被摄对象之间的位置保持不变，被摄对象所处环境存在亮暗变化，此时手机的“连续自动对焦”可能不准确，这时可以使用“手动对焦”（MF）来确定焦点，确保拍摄的主体不脱焦。

曝光补偿（EV）是控制画面亮暗的重要参数，这个参数的默认位置刻度为 0，当需要调整曝光时，只需拖动滑块就可以增加曝光值或减少曝光值，曝光值可以从减少 4 挡（-4.0）调整为增加 4 挡（4.0）。

拍摄视频可以根据需要选择不同的测光方式，3 种不同的测光方式适合不同的场景。“矩阵测光”会根据画面整体亮暗来做综合运算，绝大多数拍摄场景适用这个选项。“中央重点测光”是对画面整体测光，侧重于根据中央区域的测光结果，计算出最终的曝光结果，这种模式适合主体在画面中央的人物拍摄。“点测光”只针对手动选择的点，以及周围 2.5% 的区域进行测光，这种模式的好处是拍摄主体的曝光精准，缺点是稍微移动手机就会导致曝光产生很大变化。

更多

展开“更多”选项，可以启动更多照片和视频的拍摄模式，包括“慢动作”和“延时视频”。

- 慢动作：点击屏幕角落圆圈内的数字就可以选择慢动作的倍率，3个选项分别为4X、8X、32X。4X是4倍速动作，其视频规格是1080p 120 fps。8X是8倍速动作，其视频规格是720p 240 fps。**32X是32倍速动作，其视频规格是720p 960 fps。这个挡位可以拍摄高速运动的物体。注意：在光线充足的环境下才能拍摄到更好的效果。**
- 延时视频：延时视频可以实现将长时间拍摄的内容压缩到在短时间内呈现，实现快速播放的效果，P30 Pro手机可以实现720p格式的录制。

适合手机拍摄的素材

手机几乎是人们每天必带的设备，手机的拍摄性能已经可以比肩入门级卡片机和运动相机，**如果按照“每天带在身上的相机才是好相机的理论”来评价，手机是最好的相机。**

**手机非常适合生活类 Vlog 拍摄，**拍摄 Vlog 需要很多视角的视频素材，甚至需要随时记录，有的时候一期 Vlog 的视频素材需要连续拍摄几天甚至几周，拍摄环境包括家里、公共场所、路上和交通工具上。这类拍摄需要一台不太引人注目的小相机，手机无疑是最适合的。当然，也可以为了提升画质使用微单或者单反相机，那样意味着更多的体力付出、更多的时间成本，也许还会错过许多珍贵的瞬间。

不知道从什么时候开始，自拍变成了一种潮流，特别是在亚洲。不过这也是好事，至少在公共场所当你拿着手机自拍的时候，大家不会觉得太奇怪。用手机自拍在其他人看起来更像是在视频聊天，也许只是喝一杯咖啡的时间你就录好了一期 Vlog，内容可以是你读一本书的感受，也可以是一段英语教学小视频。

我承认，并不是每个人都需要微单和单反之类的专业相机，也有很多人都看不出手机和相机拍出来的照片有什么区别。我是一个独立摄影师，也是一个摄影讲师，经常需要用微单和单反相机拍摄，不过现在使用手机拍摄的频率也越来越高了。特别是在旅行中，当你从包里取出相机，换上镜头，装好麦克风，调好参数以后，此时的决定性瞬间早已逝去。

**一个随时都处于待命状态的相机绝对是一台好相机。**有很多场合，拿出相机拍摄会引起别人的反感，而拿出手机别人就不会太过警觉，这在旅拍时尤为重要。2018 年夏天，我在德国旅拍的素材很多是用手机完成的。我一直在寻找旅行和拍摄的平衡点，因为当你想要好好地拍摄时，一定玩不好，当你想要玩得尽兴时，留给拍摄的时间就太有限了。一段很令你动心的旅拍 Vlog，UP 主的拍摄体验未必同样精彩纷呈，也许是连滚带爬的，这时就该给旅拍器材做减法了，部分素材用手机拍摄是个好的选择。

**拍摄 Vlog 的过程是渐进式的，从易到难，由简到繁。**用手机拍摄 Vlog 的门槛很低，所以绝大多数 Vlog 爱好者都有实践的机会。经过一段时间的拍摄可能就不满足于手机的视角、手机的机位，甚至手机的不够纯粹。因为手机毕竟是通信工具，拍摄只是部分功能，在专心拍摄过程中，忽然来了一通电话估计你会兴致大减，所以在轻量级拍摄器材中，运动相机就以“兼职”的身份进入到了大家的视野。

## 2.2 运动相机适合拍摄 Vlog 吗

说到运动相机，就不得不提业界占霸主地位的 GoPro。最初生产出来的运动相机是给喜欢极限运动和户外运动人士设计的，极致、小巧、坚固的机型非常适合戴在身上拍摄，也很适合安装在运动器械上，带来令人震撼的视角。运动相机优秀的防水和防摔性能可以让你带着它“上天入海”，你会更专注于运动本身，无须为拍摄分心。由于定位是运动相机，所以 GoPro 在运动、旅行、日常生活的拍摄场景中会带来很好的拍摄体验（图 2-33）。

▲ 图 2-33

**经常有人问我心目中最理想的拍摄 Vlog 的相机是什么样的，我的选择标准有 6 点：广角、防抖、轻巧、翻转屏、高画质、可以外接麦克风。**大多数 GoPro 可以满足这 6 点中的 5 点（除了翻转屏），GoPro HERO8 Black（图 2-34）在使用媒体选配组件的情况下，连接显示选配组件也能实现翻转屏监看，这样就可以满足 Vlog 拍摄的全部诉求了。除此之外，还可连接灯光选配组件（防水 10m、续航 6 小时），在低光照环境下，也能让 Vlog 用户自拍出明亮自然的面容。

▲ 图 2-34

## 2.2.2 GoPro 运动相机的性能

### 广角

GoPro 运动相机几乎可以成为广角的代名词，特别是带有一点鱼眼视角的超广角。当然，在后期剪辑时也可以消除这种鱼眼视角。另外，GoPro 运动相机内置的几种视角中也包含不带鱼眼效果的广角。这种广角特别适合拍摄第一人称视角，自拍的时候不会像 24mm 以上的焦段那样只能拍到一个大脑袋。GoPro HERO8 Black 的视角有 SuperView、宽、线性、窄 4 种，自拍和第一人称视角拍摄都有很好的应用体验（图 2-35）。

▲ 图 2-35

### 防抖

自从 GoPro HERO5 引入防抖功能以来，GoPro HERO6、GoPro HERO7、GoPro

HERO8 三代机型都在发布时刷新了人们对防抖的认知（图 2-36）。**2019 年发布的 GoPro HERO8 的 HyperSmooth 2.0 Boost 增强功能几乎可以在不需要特殊运镜的前提下取代三轴稳定器。不仅在拍摄正常帧率的视频时可以使用防抖功能，移动延时视频、慢动作拍摄也可以使用防抖功能，这极大地拓展了 GoPro 的拍摄环境，特别适合手持行走、手持跑动拍摄，以及在移动的交通工具中的拍摄。**手持相机行走和跑动一般都需要三轴稳定器的加持，才能完成平顺视频的拍摄，现在可以直接拍摄了，省去稳定器重量使拍摄变得更轻松。多数交通工具上在移动过程中都会有震动，拍摄时结合佩戴式三轴稳定器可以发挥更佳的稳定效果，如今的 GoPro HERO8 Black 已经可以做到抵消大部分震动，这就大大简化了在交通工具内拍摄时的安装难度。

▲ 图 2-36

### 轻巧

轻巧是我选择拍摄 Vlog 的相机的要求，应该没有人喜欢又大又重的相机，除非必须使用这么大型的器材。**GoPro HERO7 Black 仅有 116 克，GoPro HERO8 Black 更是比 GoPro HERO7 轻了 14%，**这个重量应该是最轻巧的 Vlog 拍摄主机之一，即使手持也不会有太大压力（图 2-37）。

▲ 图 2-37

**轻巧对于 Vlog 拍摄体验的提升至关重要，这里所说的轻巧是指拍摄主机整体的体积和重量。**不可否认，某些 M43 规格传感器的微单相机也很小，不过加上超广角镜头以后就未必小巧了，更不要说还要把这样的器材吸附到玻璃上、安装在车外等。和微单相机、卡片机、手机相比，GoPro 足够小巧，长时间手持拍摄并不会让人感觉到疲劳，将其安装到其他器材上也很稳固。

轻巧的标准应该以完整的拍摄套装来衡量，也就是正常拍摄的相机加上各种附件的整套系统的重量。如果将 GoPro 作为拍摄主机，这套系统可能由 GoPro 运动相机、GoPro 外框、手持三脚架组成，要求更高的还会增加 3.5mm 的专业音频接口和小型麦克风，这套器材的重量是大多数摄影爱好者都能承受的。如果是微单相机，整套拍摄装备应该由微单相机、镜头、麦克风、手持三脚架组成，整套装备的重量应该是 GoPro 作为拍摄主机这一拍摄方案的好几倍。

轻巧的机身带来的第一个好处，就是可以长时间手持或者佩戴在头顶、双肩包肩带、胸口、手腕等地方，不会让人感觉到特别累。第二个好处是可以很方便地将其安装在狭窄的空间中，比如自行车座下方、车窗等地方，即使在拍摄过程中有抖动，轻便的机身也会让人将其很稳固地安装到拍摄机位上。我曾经尝试使用手机替代 GoPro，用吸盘将手机安装到汽车的前挡风玻璃上进行拍摄，由于手机是平板结构，并且体积也越来越大，拍摄的延时视频回放时非常卡顿，完全没有流畅的感觉，在这种情况下拍摄的视频素材基本不可用，后来还是换回 GoPro 拍摄，让我又一次体会到小巧、紧凑机身的意义。

轻巧加上坚固也是让我安心使用 GoPro 拍摄的一个原因。很多拍摄需要将相机安装在危险的位置，比如，高速行驶的车窗外或高速行驶的摩托车一侧。GoPro 连同安装 GoPro 的固定配件同样轻巧，在拍摄中这个机构比较稳定，万一跌落，相机也有一定的防摔性能，不至于造成严重的损害。如果在这些机位安装的是卡片机、手机或者微单相机，万一跌落，后果不堪设想。

**高画质**

GoPro 可以拍摄 4K 规格的视频，而且还是 60 帧的影像，在尺寸这么小的相机里可以录制这样的视频真的很令人意外，这对于采集高品质视频很有必要。**如果后期需要输出的成品是 1080p 全高清规格的视频，也可以利用 4K 素材做 zoom in、摇移等镜头。当然，也可以在 4K 视频素材的基础上进行多种画幅的裁剪，当将这些经过裁剪的视频素材剪辑到一起的时候，可以实现“多机位”的错觉。**

很多摄影爱好者在看了 GoPro 宣传样片以及用户样片之后，对这款身材小巧的运动相机能录制如此清晰的视频产生了极大的兴趣。这些视频素材包括滑雪、跳伞、水上运动、水下运动（图 2-38）、骑行等。当然，用于旅拍和生活场景的记录也完全没有问题，但真正要想挖掘一款运动相机的极致影像，还要从相机结构入手。

▲ 图 2-38

4K、2.7K 这些分辨率的确可以带来很高的画面解析力，尤其是在光线充足的情况下，如晴天、晴天雪地、晴天水面。在光线充足的情况下，使用 GoPro 可以录制令人印象深刻的视频，在普通的阴天或同等亮度的环境中，也可以录制画质不错的视频，但在夜晚或者光线不好的情况下，所拍摄的视频画质就不够理想了。所以，对于使用 GoPro 拍出高画质的视频需要有一个前提，就是充足的光线。这是因为，要在相当小巧的机身内同时实现广角、4K 机内直录、防抖、防水等性能，就必须缩小影像传感器的尺寸，GoPro 的影像传感器和一些手机的影像传感器面积相仿，也可以认为使用 GoPro 拍摄的视频画质和部分使用手机拍摄的视频画质类似。由于影像的质量不仅仅取决于传感器的尺寸，往往也和镜头素质、视频编码等因素有关，所以**我们只能认为使用 GoPro 拍摄的视频画质和部分使用手机拍摄的视频画质类似，但使用体验却不同。**

可以外接麦克风

**作为 Vlog 拍摄主机，可以外接麦克风是一个很重要的性能（图 2-39）。**GoPro 内置的麦克风每一代产品都有升级，利用机身自带的多个麦克风之间的互相协作，通过机内的智能运算可以提供非常好的录音方案，**GoPro HERO8 Black 全新设计的前置麦克风可以近距离录制人声，也可以在有风的环境中提供较好的录音品质。另外，GoPro HERO8 Black 的媒体选配套件，选择了枪式麦克风，录制人声和去除周围杂音的性能更加出众，几乎是 Vlog 玩家的必选配件之一（图 2-40）。**有的摄影师对视频的音质有更高要求，比如，希望滤掉更多的环境音，保持人声的清晰、饱满，或者是远距离录音，这些场景都需要外接麦克风才能获得更好的录制效果。

▲ 图 2-39

▲ 图 2–40

麦克风有很多种，如机顶麦克风、领夹式麦克风、有线麦克风、无线麦克风……这些麦克风分别适用于不同的场景，下一章会详细介绍麦克风的应用。

## 2.2.3 GoPro 运动相机的参数设置

### 视频画面比例

从前几代机型开始，GoPro 就已经支持 4K 视频录制，2019 年的 GoPro HERO8 Black 支持 4K 60fps 规格。如此小巧的机身就能内录这种规格的视频非常令人惊讶。为了尽可能适应多种场景的拍摄，相机内部预设了多种分辨率和视角，众多的分辨率、视角、画面比例和帧率的组合让新手摸不清，下面具体介绍各种选项的区别和适用范围。

要想搞清楚不同的分辨率和视角，需要先了解 GoPro 的传感器。GoPro 的传感器是一块 4∶3 的 1200 万像素影像传感器，GoPro 拍摄的 4∶3 比例的视频充分利用了这块传感器的全部面积。16∶9 的画面比例其实是对传感器上下部分进行裁剪得到的。

### FOV

什么是 FOV？ **FOV 是 GoPro 的视角选项，包括 SuperView、宽、线性、窄。**

- SuperView是一种特殊的视角，使用GoPro整块传感器面积进行拍摄。这时原始视频素材的比例是4∶3，相机通过内部运算将这个4∶3的视频素材拉伸到16∶9。这时的画面呈现出夸张的鱼眼效果，画质很好，也能在超越传统的16∶9视频画面中容纳更多的内容，非常适合近距离或者狭小空间内的拍摄。
- 当使用“宽”视角拍摄时，相机裁剪影像传感器上下两部分，以传感器的最大宽度在16∶9的比例下进行视频录制，此时的传感器利用率相当于在这块传感器上拍摄16∶9比例视频的最大利用率。由于绝大多数网络视频画面宽高比例都为16∶9，所以暂且可以认为此时传感器在利用中央16∶9的面积拍摄。定义这个面积为100%，是为了解释FOV的几种视角，并不是整个传感器的意思。从观感上看，带有明显的鱼眼效果，画质很好，很适合近距离拍摄或狭小空间内的拍摄，作为主观视角佩戴在身上，同时也很适合自拍。

- 当使用“中”视角拍摄时，相机截取传感器中央16：9画面70%左右的面积进行录制。从观感上看，略带鱼眼效果，画质很好，很适合手持自拍。
- 当使用“线性”视角拍摄时，相机截取传感器中央16：9画面70%左右的面积进行录制。从观感上看，没有鱼眼效果，可以理解成这是用“中”视角拍摄之后，对视频取消鱼眼效果后看到的画面。和“中”视角相比，感觉画面的四周被裁剪了，这些裁剪是取消鱼眼效果导致的。画质很好，很适合手持自拍。
- 当使用“窄”视角拍摄时，相机截取传感器中央16：9画面30%左右的面积进行录制。从观感上看，带有极少的鱼眼效果，画质比上述几种都差一些，感觉被摄物体离相机的距离更近。

**分辨率**

- 4K是GoPro能够记录的最高分辨率，GoPro上的4K分辨率为3840×2160，单帧画面约800万像素。这个分辨率的影像极其细腻，能够拍摄较好的弱光视频。使用4K录制后获得4倍于1080p的信息量，后期如果需要输出1080p的成片，可以拥有更大的裁剪余地。
- 4K 4：3分辨率在垂直方向可以记录比4K更多的画面，GoPro上的4K 4：3分辨率为3840×3072，单帧画面约1200万像素，这是GoPro影像传感器的全部像素。使用4K 4：3分辨率录制后获得6倍于1080p的信息量，后期如果需要输出1080p的成片，可以拥有相当大的裁剪余地。
- 2.7K的分辨率也能提供非常细腻的画面，GoPro上的2.7K分辨率为2704×1520，单帧画面约400万像素。这个分辨率的影像非常细腻，使用2.7K录制后获得两倍于1080p的信息量，后期如果需要输出1080p的成片，可以拥有较大的裁剪余地。
- 2.7K 4：3可以使用整块传感器进行拍摄，GoPro上的2.7K 4：3分辨率为2704×2028，在垂直方向比2.7K的画面记录的信息更多，用这个分辨率拍摄时可以在垂直方向获得更大的取景范围。如果是佩戴在身上拍摄的画面，后期有很大的裁剪余地。
- 1080p适合大多数直接分享到社交网络上的用户，也适配于大多数播放平台。如果拍摄的画面不需要裁剪，仅需要剪辑，强烈推荐此规格。GoPro上的1080p为1920×1080，单帧画面约200万像素。1080p可以记录更高帧率的慢动作，如果需要拍摄升格视频，这个规格非常合适。
- 1440p和1080p之间的关系与2.7K 4：3和2.7K之间的关系相似，1440p的画面比例为4：3，分辨率是1920×1440，和1080p相比，其垂直方向拥有更多画面，所以也很适合佩戴在身上拍摄视频素材，后期在垂直方向也拥有一定的裁剪余地，推荐对升格视频和画幅裁剪有需求的拍摄者使用此规格。

- 720p分辨率的规格适合记录对画面分辨率没有过高要求的素材，GoPro上的720p分辨率为1280×720，此规格也适合拍摄以超高速运动的物体。
- 960p的画面比例是4∶3，分辨率是1280×960，在垂直方向拥有比720p更多的裁剪余地，适合记录高速运动的物体和宽广的视野。
- 480p可以记录更高帧率的视频素材，但分辨率仅为848×480。

**关于分辨率的选择，首先需要了解所拍视频素材的用途。**对于大多数拍摄者而言，拍摄的视频素材仅需要剪辑，但不对画幅进行裁剪，剪辑的器材是手机、平板电脑或者计算机，1080p 是最合适的规格，这种分辨率适合记录日常生活。

如果拍摄的视频素材需要进行精细化的剪辑，后期剪辑使用的器材是配置不错的计算机，也希望在后期剪辑时有很大的画幅裁剪空间，这时推荐使用 4K、2.7K、2.7K 4∶3 规格进行拍摄，我们可以理解为使用高分辨率或者高分辨率结合 4∶3 画面比例来拍摄。更多的裁剪空间适合拍摄的物体在画面里有较大范围的移动，比如骑行、滑雪等。

如果希望在拍摄时拥有最大视角，也就是说，需要用 4∶3 的传感器拍摄，后期剪辑就可以选取部分画面输出 16∶9 的视频成品，4∶3 的画面比例也适合自拍和第一视角视频素材。

帧率

**GoPro 可以拍摄不同帧率的视频，在设定帧率之前先选择视频制式：PAL 或者 NTSC，**这两种视频制式都拥有不同的帧率，除了都拥有 24 帧这个常规规格，PAL 制式的帧率有 25 帧、50 帧、100 帧等，NTSC 制式的帧率有 30 帧、60 帧、120 帧等。

**进一步“压榨”GoPro 画质的 Protune 选项**

大家喜欢用 GoPro 拍摄的原因和喜欢用 iPhone 拍摄的原因类似，仅使用全自动模式就能拍摄出很不错的视频。**如果对视频品质有更高要求，就可以使用 GoPro 的 Protune 选项进行更专业的设置，让 GoPro 能够在某些环境中拍摄到更专业的视频和音频素材。**接下来将详细讲解 GoPro 的 Protune 选项，这部分内容适合 GoPro 进阶玩家。

▲ 图 2-41

**色彩：**GoPro 可以拍摄颜色鲜艳的视频。很多拍摄者对全自动模式下所拍视频的颜色就已经很满意了，这是因为 GoPro 在全自动模式下拍摄的视频色彩是鲜艳明快的，非常适合运动画面和日常生活的记录。有很多玩家对于自己拍摄的视频色彩有更高要求，希望在后期剪辑时拥有更多种色彩调整的可能，这时就可以选择 GoPro 的色彩模式。

- “GoPro色彩”是GoPro默认的色彩模式，也可以认为GoPro在全自动模式（关闭Protune）下拍摄的视频使用的就是“GoPro色彩”模式。**这种色彩模式适合绝大多数运动题材的视频，推荐绝大多数在后期剪辑中不需要调整色彩的拍摄者使用。**如果选择了“GoPro色彩”模式，就意味着后期色彩调整的空间比较小。
- “平面”是一种较为中性的色彩模式，在拍摄时能够记录更多的高光和暗部细节，视频的色彩饱和度不高，看上去比较淡，也拥有更多的细节。这种做法类似于微单相机中的log格式，目的都是为了记录更宽广的动态范围。动态范围是指视频画面中从最亮到最暗的跨度。“平面”模式下的色彩饱和度更低，这样的视频素材很适合后期调色。

**白平衡：**关闭 Protune 以后 GoPro 会根据拍摄现场的环境光线自动调整视频的色温，拍摄者无须操心使用什么样的色温值进行拍摄，这很适合在频繁出入房间，环境光不停变换时的拍摄。如果现场需要拍摄很多段视频素材，如果希望在同一个拍摄环境保持所有视频素材的色彩统一，需要手动设置一个恒定的色温，使这组视频素材的白平衡保持不变。

**打开 Protune 选项，可以自由选择白平衡，包括：2300K、2800K、3200K、4000K、4500K、5500K、6000K、6500K、原生、自动等选项。**这组数字越小，画面越温暖，数字越大，画面越冷。选择“自动”选项和关闭 Protune 的白平衡的表现一样，选择“原生”选项在后期调整视频色温时更方便。

**感光度下限 / 上限：**感光度（ISO）是相机传感器对于光线敏感程度的描述。选择 ISO100 时相机对光线的感应能力最差，需要在光线充足的情况下使用，若光线不够充足，拍摄的视频就很暗，但 ISO100 的视频画质最细腻。**随着 ISO 值的提升，相机对光线的感应能力也随之提升，这样就可以在光线条件不那么好的环境中拍摄视频，但是使用较高的 ISO 值拍摄的视频噪点比较多。**

如果在关闭 Protune 的情况下拍摄视频，那么 ISO 的数值会根据现场光线的强度自动调整，从而满足视频拍摄的需求。如果在很暗的环境中拍摄，GoPro 会把 ISO 值提升得很高，这时画质就会劣化，有可能不能满足拍摄者对视频画质的要求。

打开 Protune，可以手动设置“感光度上限”和“感光度下限”，拍摄者可以根据自己能接受的画质来选择感光度，视频成品的画质也就完全可控了。

**快门：**打开 Protune 选项之后，可以手动修改 GoPro 的很多拍摄参数，包括 GoPro 的快门速度。**快门速度决定着相机进光量的多少，也决定着视频画面的连贯效果。初学者在快速拍摄中选择“自动”选项即可，相机会根据环境光线的强弱和感光度的高低自动调整快门速度。**如果想在拍摄中更加专业地设置拍摄参数，可以根据帧率使用固定的快门速度，比如，在 25pfs 的情况下选择 1/50s 的快门速度，在 50fps 的情况下选择

1/100s 的快门速度。

**麦克风：麦克风菜单内包含“自动”“风噪”“立体声”3 个选项。比较万能的是“自动”选项。**选择“自动”选项，GoPro 上的多个麦克风会根据拍摄环境在“风噪”和“立体声”中自动选择，保证相机有合适的录音效果。如果确定始终在有风噪的环境下拍摄，可以手动选择“风噪”选项，这样在风中拍摄时也能降低风噪的影响。如果在相对无风的环境下拍摄，可以选择“立体声”选项，以较好的立体声规格拍摄（图 2-42）。

▲ 图 2–42

在 GoPro HERO8 上安装麦克风有别于前几代 GoPro，除了麦克风边框套件，额外加持了一个音质很好的麦克风，在近距离收音效果上有明显提升。如果用户需要增加更多麦克风的类型，可以使用麦克风边框套件上的 3.5mm 麦克风接口连接其他麦克风。

**我的 GoPro 设置：2.7K 4∶3 25fps 和 1440p 4∶3 50fps**

使用 GoPro 时绝大多数是在手持的环境下完成拍摄的，选择分辨率和帧率的依据是必须能够使用稳定功能，在能够使用稳定功能的前提下，还需要尽可能大地保留裁剪空间，而 4∶3 的画幅比例是不错的选择。如果是 1440p 4∶3 50fps 视频规格，视频素材上下部分有裁剪空间，还有 50fps 的帧率供后期制作慢动作。使用 2.7K 4∶3 25fps 拍摄时拥有更大的裁剪空间，这种规格可以在相机与被拍对象相对固定的情况下拍出多机位的感觉。

- FOV：线性

拍摄 Vlog 我更喜欢线性视角，除非空间极其狭小，不得不采用宽视角。

- 稳定功能：自动

由于多数视频是在移动中手持拍摄的，因此防抖是必选的功能，即使安装在行驶的车内也要打开防抖功能，以保持画面稳定（图 2-43）。

▲ 图 2–43

- 打开Protune

打开 Protune 可以手动设置更多的参数。除非在拍摄中有很难预知的光线变化，否则绝大多数拍摄都会打开 Protune。

- 快门：自动

在没有固定感光度时，我是不会使用固定快门数值的，有时必须借助 ND 滤镜才能使用固定的快门数值，而我在绝大多数场景中都不需要使用 ND 滤镜。

- 曝光补偿：0

大多数情况下，GoPro 的自动曝光令我非常满意，所以我通常会把曝光补偿设置为 0。在拍摄中，我也会尽可能地避免穿纯白色或纯黑色的衣服，因为这两种颜色会给自动曝光带来难度。

- 白平衡：5500K

当在昏黄的路灯下或者在黎明时分的青色雾气中拍摄时，我会手动设置适合的白平衡，其他时刻我基本都会设置为 5500K 的色温，即使从屏幕上看起来并不十分准确，但在后期利用计算机调色时，能确保每段素材的白平衡都是统一的。5500K 比较接近晴天正午的色温，很多 LED 灯也是这样的色温。

- **感光度下限：100，感光度上限：800或1600**

感光度越低，画质越好，但对光线要求越高，通常光线充足的白天将感光度设为 100 就能获得极佳的画质。较高的感光度会导致画质变差，但在光线不好的情况下，也能有较好的曝光。我能接受的较高感光度是 800 或 1600，在感光度为 800 的情况下，依旧能拍摄出较好的画质，当感光度为 1600 时，拍摄出的视频画质尚可，我会根据拍摄的要求修改感光度下限。

- 锐度：中

过低的锐度会让画面看起来特别“肉”，过高的锐度会使画面看起来令人很不舒服，大多数情况下我都会选择中等锐度拍摄，若在后期感觉锐度不够再增加锐度也很容易。

- 色彩：GoPro色彩

在拍摄中若希望直接拍摄成品，不进行后期调色，可以使用“GoPro 色彩”。“GoPro 色彩”是一种通透明快的色调，非常适合记录运动的画面和日常生活。如果希望有更多后期调整空间，可以选择“平面”色彩，但我个人并不希望给后期增加麻烦，所以通常会选择“GoPro 色彩”。

- 原始音频：低

当打开“原始音频”选项时，相机保存视频的同时会保存一份 WAV 格式的音频文件，这两个文件的名称完全相同，只是扩展名不同。低、中、高 3 级分别代表相机对音频的调整，如果想要在后期对声音进行额外的编辑，建议选择“低”选项。

● 麦克风：自动

在室内拍摄时，建议选择“立体声”，大多数户外拍摄是无法保证完全无风的，但又不能确保一定有风，所以选择“自动”是最省心的方案（图 2-44）。

▲ 图 2-44

每一款拍摄主机都有自己的特色，GoPro 的主打特色是小巧、坚固和三防，通常使用 GoPro 拍摄的场景是在水中或雨中这类传统相机和手机无法拍摄的环境。虽然很多手机也声称防水，但是，在水下拍摄时手机的触摸屏并不好用，而且在水下拍摄时手机的自动对焦会令人抓狂。另外一个使用 GoPro 的场景是车内狭小的空间或车外（危险的视角），这样的空间很难安装传统相机，即使安装了风险也很大。还有一个使用场景就是在行走过程中手持自拍，这是拍摄 Vlog 的经典机位。GoPro 的重量应该是绝大多数相机中最轻便的了，结合相机的广角，手持自拍距离也很合适。当然，GoPro 最适合的拍摄方式还是佩戴式，这是其他种类的相机做不到的，佩戴在胸前和帽子上都很合适，绝对能拍摄到独特的视角。

从这几代 GoPro 的演进可以看出，GoPro 把更多精力放在易用性、使用者操作体验和防抖性能提升这 3 个方面。我们可以从 GoPro HERO8 的菜单变化看到很多细节，这款相机的菜单已经打破“理工男”的思维，在屏幕上可以直接看到常用的参数选项，创作者拿到相机可以立即开始创作。如果需要个性化调整参数，也只需进入下一层菜单。这种设计大大缩短了创作者调整参数的时间，也提升了操作体验。GoPro 的机身在外部拓展装备时也预留了 USB-C 接口，可以外部拓展诸如麦克风之类的配件。GoPro HERO8 是通过麦克风边框来实现拓展的，这种拓展形式比前几代需要搭载 Pro 3.5mm Mic Adapter 配件外接麦克风看上去要优雅很多，整机的稳固性能也更好。麦克风边框除了可以增加一个品质更优秀的麦克风，也提供麦克风拓展、监视器拓展、补光灯拓展等功能。除了这些调整内容，GoPro HERO8 也增加了一些有趣的功能，比如延时摄影的变速功能，这个功能可以在拍摄演示视频时手动标注需要变速的时间节点，一口气拍成酷炫的延时视频，这样可以节约大量的后期处理时间。

GoPro Fusion Max 在经历了第一代机型后也有全新的改变，作为 Vlog 拍摄的另一个方向，GoPro Fusion Max 可以提供 5.6K 全景视频，创作者不必过分担心机位摆放问题就能记录更多的视角，这为创作者在后期剪辑时带来了更大的创作空间。GoPro Fusion Max 的防抖性能进一步提升，带来了异常稳定的运动机位，极大地降低了后期软件消除抖动的运算。

**如果把 GoPro 作为唯一的主机，是否将其全副武装成一台 Vlog 拍摄“全面手”，这是一个见仁见智的选择。我的建议是使用 GoPro HERO7 或前代机型的用户，把裸用主机作为主要形式，充分发挥其优势，拍摄出最与众不同的视角。使用 GoPro HERO8 的用户可以裸用主机，也可以通过选配组件拓展成 Vlog 拍摄“神器”使用，将 GoPro 的紧凑、高质量音质、卓越的稳定画面、灯光以及显示屏的优点发挥到极致。**

## 2.3 是否需要选择一款适合拍摄视频的卡片机

“卡片机”这个名称完全是根据其身材命名的。这类相机非常小巧，甚至可以很方便地放进口袋，因此大家都习惯称其为“卡片机”。近几年，卡片机的销量持续下降，各大相机品牌也逐渐融合卡片机的分类，所以在市场上看到的卡片机的机型就很少了。市售的卡片机中比较适合视频和照片拍摄的机型是索尼黑卡系列和佳能 G 系列。

卡片机受到身材的限制，很多性能都不能和单反或者微单相机相比，不过各大相机厂家也充分挖掘这个尺寸的机身蕴含的巨大潜能，最终在性能和机身尺寸上找到的平衡点是 1 英寸规格的传感器。这个规格的传感器尺寸小于单反和微单相机上的全画幅、APS-C、M43，大于手机上使用的 1/2.5 英寸、1/1.7 英寸，所以理论画质介于二者之间（图 2-45）。

**索尼黑卡系列目前有两种传感器规格：全画幅和 1 英寸。便携相机主要以 1 英寸为主，其中，RX100 系列和 RX0 系列都很适合拍摄 Vlog。**

RX100 系列目前是“七世同堂”，在售主流机型是 RX100M5A、RX100M6 和 RX100M7，这 3 款机型是紧凑全功能机型（图 2-46）。

RX100M5A 的焦段为 24 ～ 70mm，光圈为 F1.8 ～ F2.8，像素约 2010 万，支持 4K 30fps、1080p 60fps、1080p 120fps，甚至可以记录 1920×1080 960fps 的超级升格视频。其他功能有前端高速 LSI、光学防抖、可以向上翻转的屏幕，并且图片配置文件可以实现后期丰富的调色需求。和 RX100M6 相比，RX100M5A 的焦段为 24 ～ 70mm，虽然没有 RX100M6 的 24 ～ 200mm 这么大的焦段跨度，但是却拥有更大的光圈，**所以，**

**RX100M5A 更适合在综合环境下以自拍为主的拍摄和少量变焦需求的拍摄场景，弱光拍摄的表现要好于 RX100M6。**

▲ 图 2-45

▲ 图 2-46

RX100M6 的焦段为 24 ～ 200mm，光圈为 F2.8 ～ F4.5，像素约 2010 万，支持 4K 30fps、1080p 60fps、1080p 120fps，甚至可以记录 1920×1080 1000fps 的超级升格视频。其他功能有前端高速 LSI、光学防抖、更快的对焦速度、可以向上翻转的屏幕、触摸快门对焦，并且图片配置文件可以实现后期丰富的调色需求。和 RX100M5A 相比，RX100M6 的焦段跨度更大，在日常拍摄和旅拍中可以拍摄到更加丰富的视野，这款相机的应用场合比 RX100M5A 更多，对焦速度更快。

**RX100M7 在 RX100M6 的基础上进一步提升了对焦性能和拍摄体验。当然，Vlog 创作最重要的麦克风输入端口也增加到了小巧的机身上。**

RX0 目前已经更新到 RX0M2，机身小巧、坚固，拥有三防性能。RX0M2 的焦段为 24mm，光圈为 F4.0，像素约 1530 万，堆栈式影像传感器可以实现高速电子快门（1/32000

秒）和无畸变的高速运动影像，支持 4K 30fps、1080p 60fps、1080p 120fps，甚至可以记录 1920×1080 1000fps 的超级升格视频。拍摄视频时可以通过手机 App（Movie Edit add-on）实现电子防抖，可以向上翻转屏幕，拥有 3.5mm 麦克风接口，图片配置文件可以实现后期丰富的调色需求。**RX0M2 是黑卡系列最迷你的 Vlog 拍摄之选，坚固、防水，并且有翻转屏和外接麦克风接口，这些都是很吸引人的特点，非常适合从口袋拿出来就拍摄的旅行和生活场景。**

## 2.3.1 拍摄时应该怎么设置卡片机

以索尼黑卡便携相机（图 2-47）为例，在拍摄不同的题材时需要对相机进行不同的设置，根据拍摄画质的需求和后期处理需求，首先关注的应该是视频的分辨率。

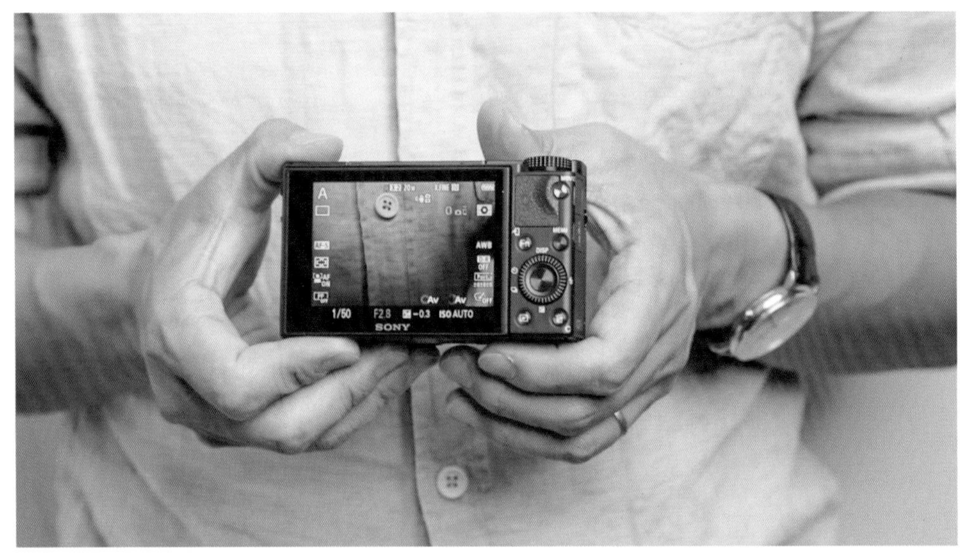


▲ 图 2-47

### 视频分辨率

使用什么样的分辨率拍摄，主要看视频的需求。目前，国内的视频平台以 4K 分辨率作为展示标准的较少，绝大多数主流视频平台还是以 1080p 作为最终呈现形式。如果不需要 4K 分辨率，也不需要对视频的构图和画幅进行裁剪，1080p 是很好的录制分辨率，这对于剪辑所用计算机的要求更低，存储的压力也没那么大。如果拍摄的视频在以后可能会以高画质的形式展现，在视频剪辑过程中需要用到 zoom in、zoom out 和画面裁剪，后期剪辑要求计算机的性能足够强大，也拥有充足的存储空间，4K 是非常理想的分辨率。

**如果使用 4K 分辨率拍摄，需要选择 XAVC S 4K 记录格式；如果选择 1080p 分辨率拍摄，可以选择 XAVC S HD 和 AVCHD 两种记录格式。前者拥有更好的画质和更大的数据量，后者画质略逊于前者，文件也更小。**

### 帧率

卡片机帧率和手机、运动相机类似，在选择视频制式（NTSC 制式或 PAL 制式）之后，就可以用卡片机拍摄视频了。**拍摄一般的生活视频，特别是以固定机位拍摄的视频居多时，可以选择标准帧率（NTSC 制式 30 帧，PAL 制式 25 帧）。**拍摄内容以高速运动为主或者在拍摄时需要快速移动机位，可以选择更高的帧率（NTSC 制式 60 帧，PAL 制式 50 帧），后期若需要制作慢动作升格视频，也可采用此帧率或者更高的帧率（NTSC 制式 120 帧，PAL 制式 100 帧）。在目前的高性能卡片机中，除了可以选择上述帧率，还可以选择更高的帧率，比如 960 帧和 1000 帧。这些超高帧率的升格视频可以在回放时实现 32 倍速慢放，这对于呈现高速运动的水流、交通工具，以及人物行为、鸟类行为非常有帮助。不过目前的卡片机在实现每秒 1000 帧的视频时需要非常充足的光线，并且画质和普通帧率下 1080p 视频的画质相比有损失，**在以每秒 960 帧和 1000 帧拍摄视频时，最长只有几秒钟的拍摄时间，并且不会录制声音。**

### 对焦设置

旅拍和生活视频的拍摄，大多要依靠相机自身的自动对焦功能来完成对焦，因为这时拍摄者也许就是主角，需要在拍摄时出镜，没有太多精力操心对焦的事。

**一般拍摄可以将对焦区域选择为“广域”，对焦模式选择“自动 AF”，这两个选项可以帮助拍摄者在大多数拍摄场景中完成自动对焦（图 2-48）。**

▲ 图 2–48

Proxy 录制

很多拍摄者在现场拍摄完以后，需要把拍摄的视频素材拿回家在计算机上进行剪辑，这是因为计算机比手机拥有更强大的视频处理功能。如果希望在拍摄的过程中用手机发送一些视频到社交网络，就可以打开相机的 Proxy 录制功能。开启这个功能之后，在拍摄 XAVC S 格式视频的同时能够录制一个低比特率的 Proxy 动态影像，这个视频文件方便人们将其传到手机上，这样就可以在旅拍时及时分享视频到社交网络。

拍摄挡位

视频拍摄和照片拍摄类似，挡位的选择要根据拍摄的需求而定。卡片机内置了和微单相机一样的自动挡、程序自动挡、光圈优先挡、快门优先挡、手动挡。**当以卡片机作为主机拍摄时，并不会像使用微单相机那样严谨，所以还是建议以方便操作为主，按照这个思路，自动挡和程序自动挡更适合卡片机的拍摄。**

- 自动挡拍摄：相机挡位为自动挡（拨盘的AUTO挡位置），拍摄时相机会自动调整快门速度、光圈、感光度，会根据所处环境自动设置各项拍摄参数，对焦区域为“全域”，对焦模式为“自动AF”。**由于相机中几乎所有的设置都是自动的，所以在拍摄过程中对焦和曝光都是根据相机自身的判断给出的结果。如果拍摄环境光线复杂，则建议使用此选项，**适合日常生活和旅行等拍摄场景。
- 程序自动挡拍摄：使用程序自动挡（拨盘的P挡位置）拍摄，可以调整视频的曝光，人们感受到的曝光是通过调整快门速度和光圈大小实现的。**程序自动挡适合拍摄摄影师自己不出镜的画面，比如旅拍的第一人称视角，或者生活中某个事件的记录者。**

## 2.4 也许微单相机是一个好的选择

**现在已经很少有人讨论微单相机和单反相机之间的差异，两者之间除了使用体验的少许差异和对焦性能的差异，在画质上已经没有太大区别，这也是更多人开始使用微单相机拍摄，而不使用单反相机拍摄的原因**（图 2-49）。微单相机拥有大多数相机用户都能接受的机身尺寸，与单反相机相比更轻巧，画质与单反相机相比也几乎没有区别，在常规尺寸的机身上已经可以搭载 M43、APS-C 和全画幅影像传感器。不同尺寸的影像传感器的性能有很大差距，在视频拍摄方面，搭载更大的全画幅影像传感器的相机，并不是在所有方面都力压 M43 影像传感器相机的。

▲ 图 2–49

## 2.4.1 M43 微单相机

**M43 规格的微单相机阵营主要以松下和奥林巴斯为主。**松下在影像行业耕耘多年，各大电视台和影视行业都能见到它的身影。以松下的技术实力和在微单产品上的诚意，其微单相机在视频拍摄方面的性能非常强大。

以松下 GH5S 微单相机为例，视频的分辨率涵盖了 Cinema 4K 和 1080p，视频拍摄没有时间限制，可以进行 10bit 4：2：2 录制，双原生 ISO 可以进一步打造弱光环境的画面纯净度，内置 V-log L 方便后期调色流程。由于 M43 影像传感器尺寸不算大，传感器自身的发热量也不大，相机机身尺寸和镜头尺寸也相对小巧。松下两款主打视频拍摄功能的微单相机 GH5S 和 GH5 各有侧重。使用 GH5S 拍摄的视频规格更高，画质更好，不过缺乏防抖功能，需要使用三脚架和稳定器拍摄；使用 GH5 拍摄的视频质量也很好，防抖性能优秀，很适合手持拍摄。

下面介绍 M43 微单相机的镜头搭配。

**M43 规格的微单相机在镜头的选择上有很大空间，各种档次和焦段的镜头都有。不过需要注意的是，M43 规格的微单相机和 35mm 全画幅相机在镜头焦段上有 2 倍的转换系数，将 25mm 的镜头安装到 M43 规格的微单相机上，与 35mm 全画幅相机上的 50mm 等效，**所以在超广角镜头的选择上有些麻烦。近年来很多国产厂家也开始生产 M43 规格的镜头，应对大多数拍摄是没问题的。

**自动对焦性能是松下 M43 用户需要注意的一个问题，当人物和相机之间的距离和位**

**置产生变化时，相机的自动对焦可靠性并不十分理想，解决方案是使用手动对焦。**

有手持自拍需求的用户在需要广角变焦和超广角变焦镜头时，松下用户可以选择 H-F007014GK/GKC 镜头，7 ～ 14mm 在松下 M43 微单相机上与 35mm 全画幅的 14 ～ 28mm 等效，这是手持自拍时非常合适的焦段。

普通拍摄的标准变焦镜头建议选择 H-FS014042 或 LEICA DG VARIO-ELMARIT 12-60mm / F2.8-4.0 ASPH. / POWER O.I.S. 这两款，后者有更大的光圈，也可以提供镜头防抖功能，这对于 GH5S 微单相机来说是一件好事。

受 M43 相机画幅的限制，要实现背景虚化，可以借助 H-X025GK/GKC 或 H-NS043GK/GKC 两款大光圈镜头。

## 2.4.2 APS-C 微单相机

▲ 图 2-50

APS-C 是数码相机在诞生之初就有的传感器规格之一，尺寸介于 M43 和全画幅，APS-C 发展到目前技术相对成熟，相机成本也比较合理。APS-C 的传感器尺寸和传统影视行业流行的 Super 35 传感器尺寸类似，很多镜头可以转接应用。**对于大多数 Vlog 用户而言，APS-C 微单相机的好处是小巧，价格实惠，容易安装到小型稳定器上**（图 2-50）。缺点是对于各大相机厂家而言，全画幅可能是其高端型号的相机，所以 APS-C 微单相机在性能上或者拓展接口的丰富程度上，与全画幅相机还有差距，可用的高端镜头也少于全画幅相机系统。

市场上适合拍摄 Vlog 的 APS-C 画幅数码相机包括 SONY 的 α6300、α6400、α6600，以及 Canon M50、Fuji X-T3、X-T30 等，根据 Vlog 用户对相机的要求——轻便、防抖、自动对焦、有翻转屏、画质高、超广角、有麦克风接口，没有一款相机是全部满足的，这就是很多 Vlogger 在选购相机时困惑的地方。下面对比一下这几款机型，看看哪款更适合拍摄 Vlog。

### SONY α6300

优点：机身轻巧，4K 拍摄超采样，S-log 机内直录，自动对焦好，有麦克风接口，价格便宜。

缺点：需要支持光学防抖镜头才能实现防抖功能，没有耳机接口，没有翻转屏。

### SONY α6400

优点：机身轻巧，4K 拍摄超采样，S-log 机内直录，支持实时眼部追焦，有麦克风接口，有翻转屏，可改善肤色，拍摄视频时长没有限制，改善了菜单逻辑。

缺点：需要支持光学防抖镜头才能实现防抖功能，没有耳机接口。

**SONY α6600**

优点：机身轻巧，4K 拍摄超采样，S-log 机内直录，自动对焦好，有麦克风接口，有耳机接口，有翻转屏，五轴防抖，有触摸屏，改善了菜单逻辑。

缺点：性价比偏低。

**Canon M50**

优点：机身轻巧，以 4K 分辨率拍摄视频，带有防抖功能，有翻转屏，有麦克风接口，屏幕支持触摸操作，拍摄的人物肤色红润，菜单逻辑优秀。

缺点：以 4K 分辨率拍摄视频画面有裁剪，开启防抖功能画面有裁剪，没有耳机接口。

**Fuji X-T3**

优点：Cinema 4K 60p 视频拍摄，10bit 4∶2∶0 机内录制，10bit 4∶2∶2 HDMI 输出，F-log 机内直录，自动对焦好，有麦克风接口，有耳机接口，视频可以使用胶片模拟，拍摄的人物肤色自然，有多向翻转屏，屏幕支持触摸操作。

缺点：以 4K 60p 拍摄视频画面有裁剪，需要支持光学防抖镜头才能实现防抖功能，没有翻转屏。

**Fuji X-T30**

优点：机身轻巧，Cinema 4K 视频拍摄，10bit 4∶2∶0 机内录制，10bit 4∶2∶2 HDMI 输出，F-log 机内直录，自动对焦好，有麦克风接口（2.5mm），视频可以使用胶片模拟，拍摄的人物肤色自然，屏幕支持触摸操作。

缺点：以 4K 60p 分辨率拍摄视频，画面有裁剪，需要支持光学防抖镜头才能实现防抖功能，视频最长拍摄时长有限制，无耳机接口，没有翻转屏。

#### 2.4.2.1　APS-C 微单相机镜头搭配

若想获得最好的拍摄体验，这里推荐的相机镜头均以原生卡口为主。

**索尼 APS-C 用户**

有手持自拍需求的用户若需要广角变焦和超广角变焦镜头，E 10-18mm F4 OSS 和 E PZ 16-50mm F3.5-5.6 OSS 两款镜头比较合适。这两款镜头体积很小，重量也很轻，适合手持自拍，OSS 有助于在没有防抖功能的机身上实现视频画面的稳定。

普通拍摄的标准变焦镜头建议选择 E 18-135mm F3.5-5.6 OSS 和 E PZ 18-105mm F4 G OSS。这两款镜头的变焦范围属于日常拍摄主流焦段，后者是电动变焦镜头，可以实现平顺的变焦操作。

希望用索尼 APS-C 相机实现拍摄背景虚化的视频，可以选择 E 35mm F1.8 OSS 和 E

50mm F1.8 OSS 两款镜头，也可以关注适马 30mm F1.4 DC DN 和 56mm F1.4 DC DN 两款 Contemporary 系列镜头。

**佳能 APS-C 用户**

有手持自拍需求的用户若需要广角变焦和超广角变焦镜头，但考虑到佳能 APS-C 微单相机在 4K 视频和防抖上的画面裁剪，唯一的选择就是 EF-M 11-22mm f/4-5.6 IS STM。

普通拍摄的标准变焦镜头建议选择 EF-M 15-45mm f/3.5-6.3 IS STM、EF-M 18-55mm f/3.5-5.6 IS STM 和 EF-M 18-150mm f/3.5-6.3 IS STM，要求整机更加小巧的用户优先考虑前两款。

**富士 APS-C 用户**

有手持自拍需求的用户若需要广角变焦和超广角变焦镜头，在 XF10-24mmF4 R OIS、XC16-50mmF3.5-5.6 OIS II 和 XC15-45mmF3.5-5.6 OIS PZ 这 3 款镜头中，属于超广角范畴的只有 XF10-24mmF4 R OIS，XF 镜头的视频素质要好于 XC 镜头，当然也更重一些。

普通拍摄的标准变焦镜头建议选择 XF18-55mmF2.8-4 R LM OIS、XC16-50mmF3.5-5.6 OIS II、XC15-45mmF3.5-5.6 OIS PZ 和 XF18-135mmF3.5-5.6 R LM OIS WR 等 4 款。其中，XF18-55mmF2.8-4 R LM OIS 视频素质最好，XF18-135mmF3.5-5.6 R LM OIS WR 变焦范围大，两款 XC 镜头最轻便。

若想拍摄背景虚化的视频，可以选择 XF35mmF1.4 R 和 XF56mmF1.2 R APD 两款镜头，这两款 XF 镜头是极好的选择，镜头素质也超过竞争对手。

### 2.4.3 全画幅微单相机

经过几年的发展，全画幅微单相机从索尼一家发展到索尼、尼康、佳能、松下、徕卡、适马几家同台竞争的市场格局。全画幅传感器在平面摄影方面的应用非常广泛，在图像色彩空间和高感光度画质等方面都有优势，在视频拍摄方面带来的提升也不少。

▲ 图 2-51

索尼是最初将全画幅微单相机商业化的厂家，目前，α7 系列（ILCE-7）（图 2-51）相机已经发展到第四代，原厂和原生 E 卡口镜头丰富，加上转接方案，可用镜头很多。由于机身已经发展到第四代，操控体验和各项短板已经基本补齐，是市场上最成熟的全画幅微单系统之一。

尼康现有的两款全画幅微单型号为 Z6 和 Z7。Z6 是具有良好高感光度画质的视频功能相机，Z7 是高像素相机。这两款相机在视频拍摄方面都很优秀，无论是视频的品质，还是自动对焦性能，后期增加的 HDMI 输出 10bit ProRes RAW 视频功能，对很多专业视频从业工作者很有吸引力。

佳能的 EOS R 和 EOS RP 可以理解成是从 EOS 5D Mark IV 和 EOS 6D Mark II 演变而来的全画幅微单相机。佳能相机的全像素双核 CMOS AF 带来了极佳的对焦体验，4K 10bit HDMI 输出性能为专业影视工作者带来了更多视频后期调整空间。

这几家全画幅微单相机的产品中，索尼是目前最成熟的，也是原生镜头最丰富的。下面以索尼的相机为例，介绍全画幅微单相机的性能和拍摄时的设置。**以索尼 α7 系列三代机身为例，α7III 的性价比比较高，视频性能也比 α7RIII 更强，是索尼全画幅微单相机中首选的拍摄器材，α7RIII 是专业平面摄影相机，主要面对职业摄影师和对像素有极高要求的用户。**

## 1. 全画幅微单相机镜头搭配

**索尼全画幅微单相机的 E 卡口可以安装 E 和 FE 两种规格的镜头，为索尼 APS-C 研发的镜头，也可以安装到全画幅机身上。如果是平面拍摄，并不建议这样做，但若拍摄视频，特别是拍摄 Vlog，完全可以尝试这样做。**因为在使用索尼全画幅微单相机拍摄视频时，可以选择全画幅录制，也可以选择以 Super 35 规格录制，APS-C 画幅的 E 卡口镜头的像场完全可以覆盖 Super 35 传感器的面积。由于 APS-C 画幅的 E 卡口镜头更加轻巧，手持拍摄的负担更小。

手持自拍推荐 E 10-18mm F4 OSS（Super 35 规格拍摄）、Vario-Tessar T* FE 16-35mm F4 ZA OSS、FE 16-35mm F2.8 GM 和腾龙 17-28mm F/2.8 Di III RXD 镜头。希望相机系统更加轻巧的用户可以选择 E 10-18mm F4 OSS 镜头，这款镜头重量很轻，带有防抖功能，手持拍摄负担不大。两款 16-35mm 镜头在手持自拍和日常拍摄中焦段非常合适，Vario-Tessar T* FE 16-35mm F4 ZA OSS 可以满足日常拍摄。如果有弱光环境下的拍摄需求，可以选择 FE 16-35mm F2.8 GM 镜头。腾龙的 17-28mm F/2.8 Di III RXD 镜头是具有弱光、紧凑和超广角等特点的镜头，也很适合手持自拍。

普通拍摄的标准变焦镜头建议选择 FE 24-105mm F4 G OSS、E PZ 18-105mm F4 G OSS（Super 35 规格拍摄）和腾龙 28-75mm F/2.8 Di III RXD 镜头。FE 24-105mm F4 G OSS 是一款焦段很实用的高画质镜头，成像质量和近摄性能都很突出。

在开启 Super 35 规格拍摄的情况下，E PZ 18-105mm F4 G OSS 这款电动镜头可以带来轻便顺滑的拍摄体验。拍摄 Vlog 不推荐体积和重量都很大的镜头，所以要使用标准变焦焦段的大光圈镜头，那么更为轻便、紧凑的腾龙 28-75mm F/2.8 Di III RXD 镜头的拍摄体验会更好。

## 2. 全画幅微单相机参数设置

### 视频质量设置

视频分辨率（4K、1080p）规格和拍摄使用的文件格式（XAVC S 4K、XAVC S HD 和 AVCHD）可以参考卡片机的设置。

### 图片配置文件

索尼 α 7III 可以实现专业的 HDR 视频录制，相机在不借助任何外部录制设备的情况下该相机可以实现 S-log 录制，后期拥有更多调色的可能性。当然，也可以使用 HLG（Hybrid Log-Gamma），支持即时 HDR 工作流程。**图片配置文件里的 PP7 指的是 S-log2，PP8 和 PP9 指的是 S-log3，PP10 指的是 HLG。当使用 S-log2 和 S-log3 拍摄时，相机的感光度最低是从 ISO800 开始的，在室外拍摄时需要使用 ND 减光镜，使用 HLG 拍摄对 ISO 没有要求。**

### 对焦设置

**和卡片机的设置一样，大多数需要自拍或者在快速拍摄时，对焦区域选择“广域”，对焦模式选择“自动 AF”就可以。**但这种对焦方案也不是万能的，在画面中出现干扰或者拍摄主体的曝光不充足时，对焦也会发生偏移，这时就需要根据拍摄的环境和拍摄内容选择对焦方案。

**当以固定机位拍摄时，如果拍摄对象和相机之间的距离是固定的，可以将对焦区域设置为“自由点”，对焦模式选择“手动对焦”。**这是非常可靠的对焦方案，一般电影拍摄采取的就是这样的对焦方案，在拍摄风光类 Vlog 的空镜头时也建议使用此对焦方案。

当在拍摄过程中移动机位时，如果拍摄对象出现在画面中的某个区域，比如中间区域或者稍微靠右一些的区域，可以将对焦区域设置为“区”，对焦模式选择“自动 AF”。

### AF 驱动速度

**拍摄不同题材时需要相机的自动对焦反应也不一样，有的时候需要相机做出快速的对焦反应，有的时候需要相机做出慢速的对焦反应。**比如，拍摄一个人物，使用的是“自动 AF”，当这个人和相机之间的位置出现轻微的移动时，相机的自动对焦如果做出柔和的对焦反应，那么画面看上去会比较舒服，如果做出缓慢的对焦反应，就会让人觉得这款镜头的对焦素质有问题，如果做出快速的对焦反应，可能会导致背景的虚化程度频繁在变，画面会使人不太舒服。所以要根据拍摄需求来设置这个选项。一般情况下，选择“标准”。当拍摄体育运动项目时，选择“高速”。当需要在被摄物体发生变化时流畅地切换对焦，可以设置成“低速”。

### AF 跟踪灵敏度

**AF 跟踪灵敏度有两个选项，分别为“响应”和“标准”。**当将 AF 跟踪灵敏度设置为

“响应”时，相机跟踪被摄物体的灵敏度较高。当拍摄一个单独移动的物体时，可以选择这个选项。如果被摄物体频繁地被其他物体遮挡，却并不希望焦点落到遮挡主体的物体上，可以将 AF 跟踪灵敏度设置为“标准”。

微单相机是比较专业的视频拍摄工具，相机里已经内置了一些辅助工具，帮助人们在拍摄时实现更精准的对焦，并且更准确地控制曝光。

### 放大对焦

为了在拍摄前确认焦点，可以使用相机的“放大对焦”功能，我通常通过自定义把中央按钮的功能设置为“放大对焦”，每次在拍摄之前点按中央按钮确认对焦，放大后可以使用上、下、左、右按钮查看画面。

### 峰值对焦

除了“放大对焦”功能，利用峰值对焦功能也可以在相机机身的屏幕上帮助摄影师精准地对焦，在相机的“峰值设定”中包括 3 个选项：“峰值显示”“峰值水平”“峰值色彩”。在“峰值显示”中选择“开”，可以开启峰值对焦功能，根据个人喜好和画面中各种色彩的复杂程度，设置“峰值水平”为“高”“中”“低”中的任意一项，个人更倾向于使用“低”选项。在“峰值色彩”里选择“红”“黄”“白”当中的一种，至于选择哪一种，要根据画面中所涵盖的颜色而定，尽可能选择和画面反差比较大的颜色。

### 斑马线设置

斑马线可以帮助摄影师在拍摄视频时确认视频画面是否过曝，我通常将“斑马线水平”设置为 95，在拍摄中尽可能做到向右曝光。

### 伽马显示辅助

在光比比较大的环境中拍摄，或者后期需要对视频进行调色时，很多摄影师会选择将图片配置文件设置为 S-log2 和 S-log3。在拍摄过程中，相机显示屏上显示的画面很灰，此时不太容易了解后期调色后的视频颜色，因此可以将相机里的“伽马显示辅助”设置成相应的选项，看到还原的色彩。比如，当在“图片配置文件”中设定“伽马显示辅助”为 S-log2 时，以 Assist S-log2 → 709（800%）效果显示动态影像；当将“伽马显示辅助”设定为 S-log3 时，以 Assist S-log3 → 709（800%）效果显示。

### HDMI 设置

在相机里可以对 HDMI 输出的信号进行设置，包括“HDMI 分辨率”“HDMI 信息显示”“TC 输出”“REC 控制”“HDMI 控制”。这些选项是为了将相机通过 HDMI 端子与电视机、外接监视器、视频录机和录音机等设备连接时进行设置的。

- HDMI分辨率：可以设置相机通过HDMI端子与电视机、外接监视器和视频录机输出的视频分辨率。
- HDMI信息显示：可以在通过HDMI端子连接的设备上显示相机的拍摄信息，在连接视频录机时需要关闭此选项，仅将所记录的视频影像传输到视频录机中。

- TC输出：可以将时间码输出到其他设备，比如视频录机或录音机中。
- REC控制：相机可以向外接录机发送录制命令，也就是在相机上按下录制按钮，外接录机也同步录制视频。

**拍摄挡位**

在使用微单相机拍摄视频时，可以根据不同的拍摄场景使用不同的挡位拍摄。前文中介绍过卡片机的拍摄挡位，**卡片机在拍摄时以快速拍摄为主，所以推荐使用自动挡和程序自动挡拍摄。在使用微单相机进行快速拍摄时，也可以使用这两个挡位，其他挡位也有适合的使用场景。**很有意思的是，在索尼微单相机中，视频拍摄挡位称为“曝光模式”。

**快门优先挡（S 挡）是非常适合视频拍摄的挡位，**在严谨的视频拍摄中是需要锁定快门速度的，快门速度一般靠帧率决定，计算公式如下：

$$快门速度 = \frac{1}{帧率 \times 2}$$

如果按照每秒 25 帧拍摄，快门速度应该为 1/50 秒，以此类推。使用快门优先挡可以将快门速度锁定，在设置了恒定的 ISO 值以后，使用相机拍摄视频时会自动调整画面的亮暗，这个调整实质上是通过调整光圈值来完成的。

手动曝光挡（M 挡）可以同时锁定快门速度和光圈值，这样的设置可以保证背景虚化效果不会发生变化，此时可以将感光度调整为自动，画面曝光度实质上是通过调整感光度的大小来完成的。如果将快门速度、光圈值和感光度都设置成固定值，画面的曝光度就被完全锁定，画面将保持现有参数拍摄的画面亮暗程度，如果想改变曝光度，只能单独修改快门速度（一般不建议调整）、光圈值和感光度参数，或者在镜头前安装一个可调 ND 滤镜，旋转 ND 滤镜调整镜头进光量也能实现对画面亮暗的控制。

### 2.4.4 监视器和录机

相机厂家出于对微单相机功耗和成本的考虑会做出很多妥协，比如相机背面的显示屏，这块屏幕的尺寸和素质用来做普通监看和素材回放是可以的，但是精准地控制曝光、精准地确认对焦、精准地把控视频素材的色彩是做不到的。**相机背面显示屏和电子取景器在尺寸、亮度、分辨率和色彩空间等方面和专业的监视器都不能相提并论，小尺寸的监视器和微单相机搭配能获得非常好的拍摄体验**（图 2-52）。

对于普通的拍摄，专业监视器并不是必要的配件，但在很多情况下，相机机身的显示屏并不好用。比如，在烈日下拍摄，可能看不清相机屏幕上的参数信息，既不能确认是否合焦，也不能确认曝光是否正常；很多相机并没有翻转屏，自拍的时候看不见自己在画面中的位置，也无法判断是否合焦及曝光情况。

▲ 图 2-52

下面以 Atomos 的 5.2 寸监视器 Shinobi（隐刃）（图 2-53）为例，介绍监视器的作用。这个尺寸是目前摄像监视器中最小的尺寸之一，正面投影尺寸和屏幕大小与 iPhone XS Max 相仿，大多数微单相机显示屏的尺寸是 3 英寸左右，长宽比例在 4∶3 左右，在显示 16∶9 的视频时显示屏的上下还会有裁剪，所以真正能显示视频的面积大概只有 Atomos Shinobi 监视器的 1/3。

▲ 图 2-53

如果仅仅希望拍摄视频的时候有一块更大的监视器，其实手机也可以完成这项工作，**打开手机里的 Imaging Edge Mobile App，在相机里将“使用智能手机控制”打开，就可以将手机作为远程监视器来观看画面了。**不过手机是智能通信工具，并不是专业的视频监视器。以 iPhone XS Max 为例，最大亮度是 625nits，和 Atomos Shinobi 的 1000nits 还是有很大差距的。专业监视器在烈日下取景更有优势，手机屏幕颜色的色域和颜色的准确度也和专业监视器有很大差距。

**专业监视器除了屏幕更亮、颜色更准确，内置的工具也是其最有价值的核心功能。通过** Atomos Shinobi 监视器可以很方便地查看波形示波器、RGB 示波器、矢量示波器、直方图、峰值对焦、斑马纹、伪色，以及以 4∶1 / 2∶1 / 1∶1 比例放大画面、画框线、变形宽银幕拉伸还原、使用 Atomos Analysis 分析工具、使用主流相机伽马显示辅助、加载 8 个自定义 3D LUT 文件。屏幕显示的方向也可以进行镜像和上下翻转，方便以各种安装位置进行监视。

对于微单相机用户，Atomos Shinobi 监视器的几个功能需要重点介绍（图 2-54）。首先是 3D LUT 加载，这个功能对于需要对自己的视频作品进行后期调色的用户非常重要。摄影师可以使用 log 曲线拍摄视频，在监视器上加载自己的 3D LUT 文件，在拍摄时就可以大致了解后期调色完成后的视频颜色。导入 3D LUT 文件也很简单，从机身侧面的 SD 卡槽插卡直接导入即可。

▲ 图 2-54

启动 Atomos Analysis 分析工具，监视器的画面里可以同时容纳视频画面和示波器、矢量示波器、直方图、音量电平等工具，并且这些工具并不会遮挡拍摄画面，摄影师在拍摄时可以更专注于视频创作。

Atomos Shinobi 监视器在判断视频焦点方面提供了两个工具，一个是画面放大工具，可以实现对画面任意位置以 4∶1、2∶1、1∶1 的比例放大，放大后可以用手拖动放大的位置，进一步确认画面的合焦情况。Atomos Shinobi 的峰值对焦工具中除了常规的“峰值色彩”，还包含三级画面加锐功能，可以更直观地查看视频画面的焦点是否合焦。

**大多数视频拍摄者使用相机内置的录制功能就可以完成拍摄了，如果希望进一步提升画质，为后期调色带来更大空间，一台拥有外部录制功能的录机更加合适。**Atomos Ninja V 是一台身材小巧的录机，非常适合小型化拍摄设备（图 2-55）。Atomos Ninja V 录机在具备 Atomos Shinobi 监视器全部性能的同时，还提供外部录制功能。通过 HDMI 2.0 接口，Atomos Ninja V 录机可以录制 4K 60p 10bit 视频，编码为 ProRes 和 DNxHR，录制的介质是硬盘，通常的选项是 SSD 或者专门为这款录机设计的 AtomX mini SSD。

为什么要使用录机录制视频而非使用相机本体呢？相机厂家在设计机身时对机身尺寸和功耗都有考虑，既希望相机性能强大，又希望其小巧省电，最终量产的产品往往是多重权衡下的产物（图 2-56）。要想实现更高画质的录制和更高素质的显示效果，相机的功耗会更大，体积也会更大，相机的散热系统也会更大，录机就是把这部分功能拿到相机外面来完成的。

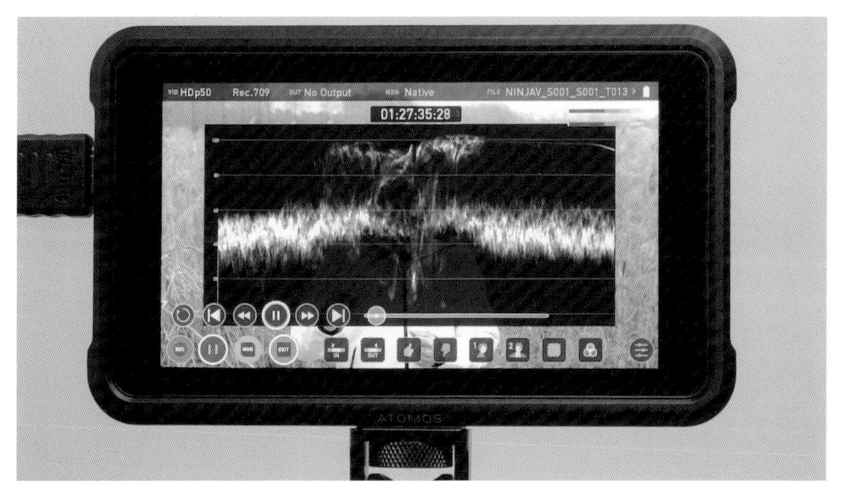


▲ 图 2–55

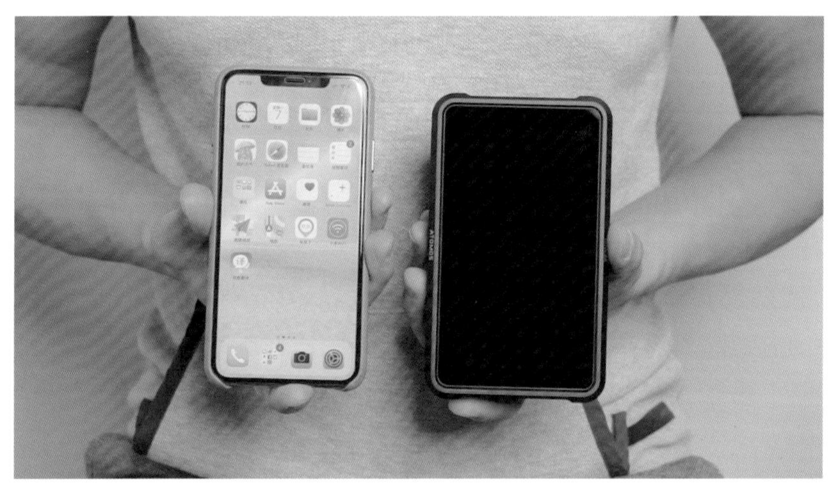

▲ 图 2–56

**继续解释相机录制视频的能力。一款相机的视频性能包括使用相机录制视频的能力和通过 HDMI 等接口输出视频的能力，而这两者之间往往存在着差异。相机在直接录制视频时会对视频进行锐化和降噪处理，直接录制的视频看上去更漂亮。录机是专业影视器材，使用录机录制不会对视频素材进行任何处理，可以理解成录机录制的是相机这款传感器记录的最真实的视频素材。**录机录制的视频素材看上去可能在噪点方面和画面清晰度上与相机录制的有一些差异，根据影视工业流程可知，降噪程度和锐化程度的分寸应该掌握在后期人员手上，而不是由相机决定的。使用相机直接录制视频和通过 HDMI 等接口输出视频的差异不仅仅表现在上述方面，两者的视频质量也有区别。以索尼 α7III 为例，使用相机直接录制的是 8bit 4：2：0 视频，而通过 HDMI 输出的是 8bit 4：2：2 视频，Atomos Ninja V 录机统一录制的格式是 10bit 4：2：2视频，索尼 α7III 通过 HDMI 输出的 8bit 4：2：2 视频经过 Atomos Ninja V 录机封装成 10bit 4：2：2 视频之后，经过抠像或者调色，比相机直接录制的 8bit 4：2：0 视频要更干净。当然这种差距没有佳能 EOS R 和尼康 Z6、Z7

相机直录与 Atomos Ninja V 录机录制之间的差异大，这 3 款相机机身录制的视频均为 8bit 4：2：0 视频，通过 HDMI 输出都可以达到 10bit 4：2：2 视频级别，通过录机录制可以使视频质量实现很大的飞跃。

### 什么主机适合拍摄 Vlog

每个人对拍摄 Vlog 的要求不同，并且经济实力不同、体力不同，所以选择的拍摄主机也不同，一个创作者在拍摄 Vlog 时可能会同时使用几台主机。选择拍摄主机并不仅仅意味着选择一台相机，还意味着选择镜头搭配、录音方案、脚架及稳定器方案、后期处理方案等一系列流程。本章介绍了主流 Vlog 拍摄主机的选择方案和主机设置方案，后面将继续介绍如何搭建自己的 Vlog 装备。

# 第3章 录音器材与录音方案

一段 Vlog 短视频最重要的是什么？很多人一定认为是画质，这个答案当然没有错，但只有画质好是不够的，声音同样很重要。图像是视觉感官感受到的信息，视觉信息占人们在这个世界感受到的信息的绝大部分，视觉加听觉才是人们看一段 Vlog 的完整感官体验。

听觉可以帮助人们了解 Vlog 短视频的内容，声音可以增强 Vlog 短视频的氛围感，但 Vlog 短视频的声音长期被大量创作者忽视。我在网上浏览一段 Vlog 短视频时，如果音质不好，或者听不清创作者说的话，我会在几秒钟之内关掉它。很多创作者在拍摄一段时间的 Vlog 短视频之后才慢慢开始意识到声音的重要性，从有声音就行变成需要更好的声音。这时很多创作者的第一反应是买一只麦克风，下面的话题就从麦克风开始（图 3-1）。

▲ 图 3-1

# 3.1 麦克风概述

很多朋友问应该买一只什么样的麦克风，回答这个问题前我通常会问创作者几个问题，比如，需要用这只麦克风录制什么内容？在什么环境下录制？在什么拍摄主机上使用？预算是多少？所以根据不同的拍摄内容、录制环境等因素，选择的麦克风是不同的。

在拍摄 Vlog 短视频的过程中，常用的麦克风按声电转换原理划分，分为动圈式和电容式两种类型；按音频信号的传输方式划分，分为有线麦克风和无线麦克风两种类型；按录音的格式划分，分成单声道麦克风、立体声麦克风和环绕声麦克风 3 种类型；按指向性划分，

【视频】麦克风综述

**分成心形指向性和全指向性两种类型。**以上仅仅是拍摄 Vlog 短视频常用的类型，实际上，麦克风的种类和分类方式还有很多，在此不做更多介绍。

**拍摄 Vlog 短视频常用的音频接口主要有 TRS 接口和 XLR（卡侬）接口。**

TRS 接口通常有 3 个尺寸，分别为 6.3mm、3.5mm 和 2.5mm。拍摄 Vlog 短视频的常见设备以 3.5mm 规格为主。“T”“R”“S”分别为“Tip（尖）”“Ring（环）”“Sleeve（套）”3 个单词的缩写，虽然接口的名称叫作 TRS，但根据不同设备上的应用也细分成 TS、TRS、TRRS 等 3 种，**拍摄 Vlog 短视频使用的主流音频接口主要有 TRS 和 TRRS 两种。**

**TRS 端子上有两根黑线将其分成 3 个部分，大多数混合单声道麦克风和立体声麦克风的接口都是 TRS 接口（图 3-2）。**

**TRRS 端子被 3 根黑线分成 4 个部分（图 3-3），前几年主流的手机耳机插头是这种规格，近几年 iPhone 将音频插孔改成了 Lightning，Android 设备将音频插孔改成了 USB-C（图 3-4）。**

**XLR 接口也被称为卡侬接口，有标准尺寸 XLR 和 mini XLR 两种类型。**其中，标准尺寸 XLR（**图 3-5**）接口在专业的麦克风、录像机、录音机、音频接口上可以见到。更小尺寸的 mini XLR 在立体声麦克风、领夹式麦克风上比较常见。

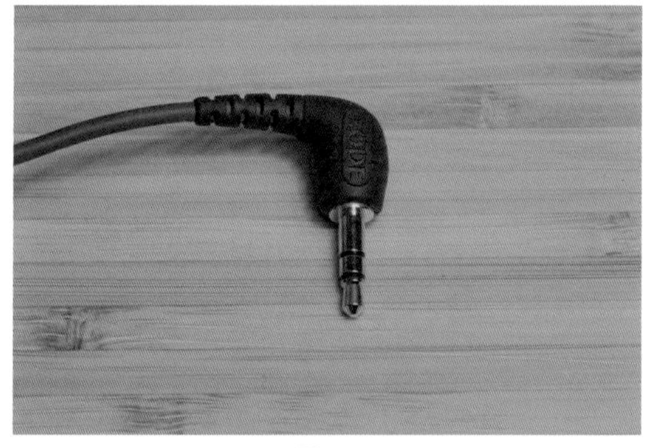

▲ 图 3–2

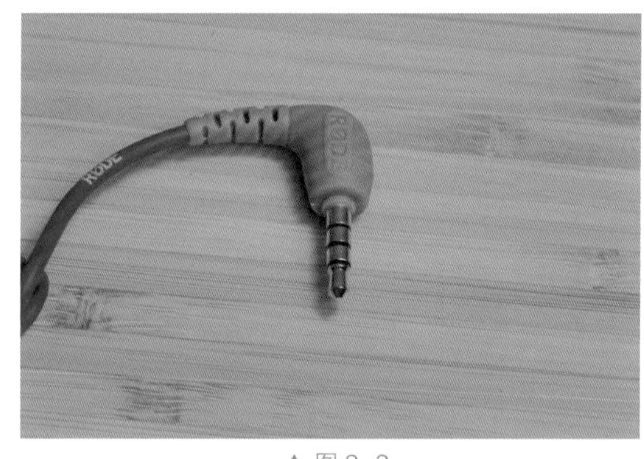

▲ 图 3–3

▲ 图 3–4

▲ 图 3–5

# 3.2 不同类型麦克风的特色

**告诉大家一个秘密，麦克风可能是为你“服役”最久的器材。**很多录音棚、影视工作者还在用着十几年甚至几十年前的麦克风，这是很正常的事，因为经典麦克风的更新不如摄影机的更新速度快。也许你会因为新发布的相机比你两年前买的相机又多了新功能而产生换相机的念头，但并不会想要频繁地更换麦克风。从这个意义上来说，麦克风更保值，也更值得投入。

本章以罗德麦克风为例来介绍各种类型的麦克风在不同的拍摄场景下的使用方法。

## 3.2.1 指向性麦克风

在拍摄 Vlog 短视频时，声音描述的往往是拍摄画面的内容，例如，手持相机自拍、采访某人、拍摄街头空镜头……在拍摄这些视频素材时，相机镜头对准要拍摄的对象，麦克风也需要指向被拍摄对象，录制的声音以被拍摄对象为主，不太需要更多周边环境的声音。在这种录音环境中，枪式麦克风和机顶麦克风更合适。**机顶麦克风的录音范围以话筒对着的正前方和侧面为主，排斥来自麦克风后方的声音。**罗德 VideoMicro、VideoMic GO 和 VideoMic Pro+ 等 3 款麦克风是非常优秀的机顶麦克风。

罗德 VideoMicro 麦克风是一款很小巧的机顶麦克风，适合在微单相机和小型设备上录制声音，声音风格清晰通透，无须供电即可使用。麦克风包装盒中包含一件防风毛衣、一个带有冷靴接口的防震支架、一根 SC2 3.5mm TRS 音频线（图 3-6）。由于罗德 VideoMicro 麦克风是可更换连接线的设计，使用原装的 SC2 3.5mm TRS 音频线可以直接连接到微单相机和录音机上使用，通过转接线可以连接到手机和 GoPro 运动相机上使用。

▲ 图 3-6

这款麦克风配备了防风毛衣，并没有单独搭配防喷罩。其实，在防风毛衣的内侧有很厚的海绵，可以起到防喷罩的作用。罗德 VideoMicro 麦克风的灵敏度很高，建议在任何录音场合都不要摘下防风毛衣。这款麦克风的最佳录音距离是 1m 以内，非常适合手持相机时录音，当以固定机位录音时，建议相机搭配广角镜头，确保录音距离在 1m 以内（图 3-7 和图 3-8）。

▲ 图 3-7

▲ 图 3-8

罗德 VideoMic GO 也是一款轻便型的机顶麦克风，麦克风的干涉管更长，指向性也更好，使用时和罗德 VideoMicro 一样都不需要外部供电。罗德 VideoMic GO 麦克风的主体和防震架是一体设计，整机非常紧凑坚固。该麦克风采用可更换线材设计，可以很方便地和多种器材连接。该麦克风包装盒中包含一个海绵防喷罩和一件防风毛衣，摄影师可以根据户外风力的大小选择不同的搭配方式，这款麦克风非常适合采访和个人 Vlog 短视频的录制。

罗德 VideoMic Pro+ 是经典机顶麦克风 VideoMic Pro 的升级版，也是全世界最受 Vlogger 关注的机顶麦克风之一。这款麦克风在原本已经很优秀的上一代产品的基础上又进行了升级。罗德 VideoMic Pro+ 很适合在微单相机、单反相机、摄像机和录音机上使用，声音清晰且温暖，采用超心形拾音模式，可以录制麦克风正前方和少量左右两侧的声音（图 3-9）。

▲ 图 3-9

罗德 VideoMic Pro+ 麦克风将防震悬架和麦克风本体设计为一体，可更换连接线结构并带有安全螺丝（图 3-10 和图 3-11）。麦克风包装盒中包含一节锂离子充电电池、一根 Micro USB 线、一根 3.5mm TRS 音频线。

【视频】
VideoMic Pro+
录音体验

在将罗德 VideoMic Pro+ 麦克风连接在相机上之后，打开相机开关，麦克风即可自动开启电源，关闭相机电源时麦克风也同步关闭，这样的设计可以有效地防止忘记打开麦克风导致视频没有录上音的尴尬，对于节约电池使用寿命也很有用。该麦克风采用锂电池供电、AA 电池供电和外接充电宝供电 3 种供电形式。该麦克风的后侧数字开关可以实现 2 段高通滤波和 3 段录音电平增益，能够实现高频增益。当开启安全音轨时，可以将麦克风的右声道降低 10dB 来应对突如其来的大音量，在后期剪辑视频时多一份可用的录音素材。

▲ 图 3-10

▲ 图 3-11

罗德 VideoMic Pro+ 麦克风最佳的录音距离是 0.5 ～ 1.5m，手持自拍和固定机位采访拍摄都是很理想的选择（图 3-12 和图 3-13）。罗德 VideoMic Pro+ 比罗德 VideoMicro 录制的声音的音色更温柔，由于在 0.5 ～ 1.5m 的距离录制人声时，低频的损失比较大，罗德 VideoMic Pro+ 麦克风温柔的音色刚好弥补了低频的损失，视频里的声音无须太多后期处理就可以直接使用。

▲ 图 3-12

▲ 图 3-13

机顶麦克风是指向性麦克风的最优选择，特别适合个人和小团队拍摄，这种麦克风可以将麦克风本体、防震架、电源、功能控制合于一身，增加了拍摄的便利性。**对于要求更高的专业拍摄，就需要使用高品质的指向性麦克风，结合音频接口或录音机使用。**罗德 NTG3 是一款超心形的指向性麦克风，录制的声音温柔、干净，指向性强，能够有效地滤掉周围的环境噪声，其音质可以满足电影、电视剧等的录音要求（图 3-14）。

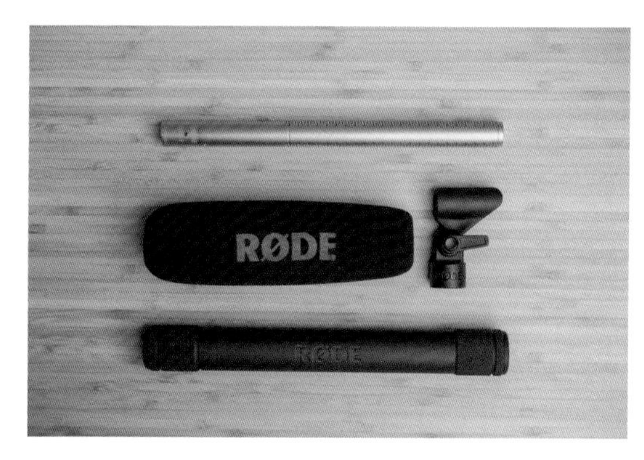


▲ 图 3-14

这款麦克风的适应性非常强，既能够在潮湿的环境中录音，又能录制在闹市中采访的声音。NTG3 可以搭配海绵防喷罩和 WS7 防风毛衣使用，在电影拍摄等要求更高的视频录制中可以结合 Blimp 防风罩和避震架系统实现高品质录音。NTG3 和传统的机顶麦克风相比有更远的拾音距离，但这并不意味着建议使用此麦克风远距离录音，还是建议在最佳录音距离内录制。

当使用录音机连接 NTG3 时，可以通过 XLR 接口向麦克风提供 48V 幻象电源（图 3-15 和图 3-16）。

▲ 图 3-15

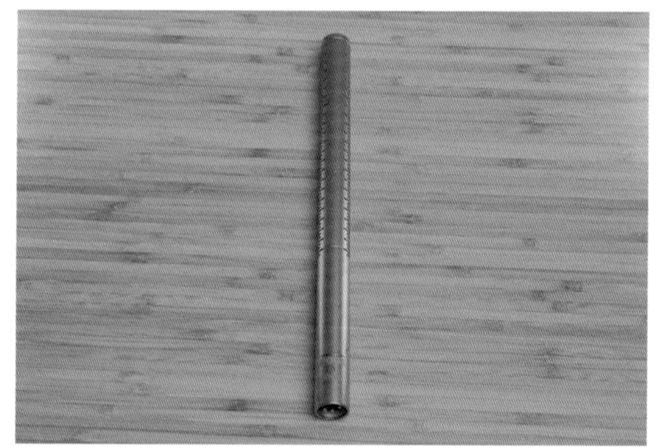

▲ 图 3-16

## 3.2.2 领夹式麦克风

众所周知，麦克风距离音源越近，录制的声音损失越少。机顶麦克风其实是安装在相机上使用的指向性麦克风，在使用广角镜头拍摄时，要尽可能距离人物比较近，在使用中长焦端拍摄时，就只能使用话筒支架在尽可能靠近人物而又不穿帮的位置录音。但是，在某些拍摄场合并没有这样的布麦空间，比如剧院演出，要拍摄的人物距离相机忽远忽近。在这种拍摄环境下，传统的指向性麦克风就不能很好地完成录制工作了，需要一种和人物的嘴有固定距离的很小巧的可穿戴麦克风，也就是领夹式麦克风。

领夹式麦克风的咪头比较小巧，将其别在领口的位置并不引人注意（图 3-17）。在 Vlog 短视频拍摄和新闻采访中，经常见到被拍摄者的领口放置这种领夹式麦克风。在电影（包括微电影）的拍摄过程中，通常会将领夹式麦克风藏起来，也称为布麦。隐藏领夹式麦克风咪头的位置通常在领带后面、领结后面、T 恤内侧、衬衣领子下方、男士胸口处、女士内衣鸡心处。

领夹式麦克风通常是全指向性的，当将其安装在领口位置时，头部的左右小幅度转动并不会对拾音效果产生太大影响。**由于领夹式麦克风离人物的嘴很近，实际录音内容以清晰的人声为主，周围的环境音只有少量能够被录入。这样的特性非常适合户外录制，即使在较为嘈杂的环境中录制声音，录制的被拍摄者的声音也会比较清晰，而背景声音则比较小。领夹式麦克风同样适合在没有经过声学优化的房间中录音，这种房间的回音比较大，使用指向性麦克风效果会很糟糕，此时使用领夹式麦克风能获得较好的效果（和指向性麦克风相比较而言）。当然，最佳方案还是在房间中进行吸音处理。**

**领夹式麦克风分为有线和无线两种类型，**有线的领夹式麦克风可以直接连接到相机上进行录制，也可以在录音机和手机上录制音频，后期和相机里的视频对轨（图 3-18）。

▲ 图 3-17

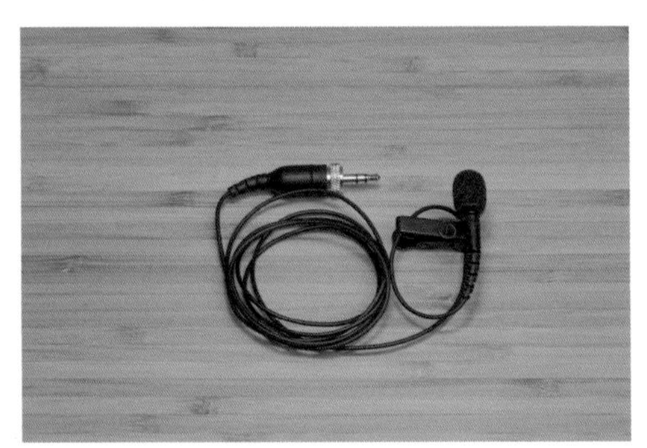

▲ 图 3-18

罗德 smartLav+ 是一款可以直接在苹果设备和部分安卓设备上使用的领夹式麦克风。这款麦克风可以录制广播级音质的声音，在电视节目录制和电影拍摄等场合应用广泛。当将罗德 smartLav+ 与 Apple iOS 设备连接时，罗德专门为 Apple iOS 设备专门开发的“RØDE Reporter” App 使用起来非常简单，既可以录制 48kHz 24bit WAV 格式的音频文件，又可以录制 320kbps、256kbps、128kbps 这 3 种码率的 AAC 或 MP3 格式的音频文件。

罗德 smartLav+ 领夹式麦克风的接头是 TRRS 规格的，通过一根 SC3 TRRS 转 TRS 转换线可以连接相机和录音机。通过一个 SC6-L 插头可以为 Apple iOS 设备同时接入两只罗德 smartLav+ 领夹式麦克风。

【视频】
Wireless GO
录音体验

无线领夹式麦克风可以摆脱线缆的约束，被拍摄对象可以在运动中完成拍摄，人物运动的轨迹和相机的运镜方式都不会影响到录音效果。适合拍摄 Vlog 短视频的无线领夹式麦克风有罗德的 Wireless GO 和 RØDELink Filmmaker Kit 麦克风。

罗德 Wireless GO 可能是全世界最小巧的无线麦克风套装（图 3-19），发射器和接收器各重 31 克，通过 2.4GHz 无线传输技术连接。罗德 Wireless GO 发射端内置一个全指向性的麦克风，将其别在领口就可以使用，也可以通过发射端的 TRS 插孔连接其他麦克风。比如，使用 Lavalier GO 领夹式麦克风或者通过一根 SC3 TRRS 转 TRS 转换线连接罗德 smartLav+ 领夹式麦克风。罗德 Wireless GO 的接收端可以对录音电平的大小进行调节，也可以通过 OLED 显示屏查看发射器实时信号强度、录音电平大小等信息。无障碍 70m 的传输距离和 7 小时的工作时长对于 Vlog 短视频拍摄者来说足够满足大多数人声录制需求。罗德 Wireless GO 无线麦克风套装是专门为 Vlog 短视频拍摄者准备的，无论使用的是相机、手机还是运动相机，都可以很方便地搭配（图 3-20）。

▲ 图 3–19

▲ 图 3–20

RØDELink Filmmaker Kit 是一款专业的无线领夹式麦克风套装（图 3-21），发射器和接收器可以自定义设置配对频道，无障碍 100m 传输，套装中包含一只领夹式麦克风和一根带有安全螺丝的 TRS 音频线。RØDELink Filmmaker Kit 可以通过发射器调整录音电平增益至 +10dB 或 +20dB，也可以通过接收器调整录音电平增益至 -10dB 或 -20dB。接收器和发射器都拥有一个 LED 窗口，可以很方便地读取当前所在频道、电池电量、音量电平等信息。RØDELink Filmmaker Kit 非常适合在影视作品、电视节目和个人 Vlog 短视频拍摄中使用（图 3-22）。

【视频】无线麦克风录音体验

▲ 图 3–21

▲ 图 3–22

## 3.2.3 立体声麦克风

大多数视频拍摄，录制单声道的音频就可以。使用单声道录制人声，在后期剪辑视频时，把单声道处理成双重单声道，声音是居中的，所以**采访录音、Vlog 短视频人声录制、电影对白录制、后期旁白录制等均以单声道录制为主。**

是不是不需要录制立体声？答案并非如此。微单相机机身麦克风和 iPhone XS 手机等器材录制的就是立体声，以立体声的方式录制声音，可以清晰地确认发声物体的方位，可以真实地还原录制现场的环境，优秀的立体声能让视频给人带来身临其境的体验。

罗德 Stereo VideoMic X 是一款高水准的立体声麦克风（图 3-23），XY 结构的两个心形指向咪头和 NT5、NT55、NT6、NT4 等麦克风的咪头是同款，能够录制自然、宽广的 Hi-Fi 立体声音频。麦克风的咪头支撑部分为减震结构，方便在手持设备上录制音频（图 3-24）。

▲ 图 3–23

▲ 图 3–24

罗德 Stereo VideoMic X 麦克风能够在室内和户外使用，并且配备了一个防扑罩和一件防风毛衣，适合在普通空气流动的场合和强风中使用。三段式电平调节可以将音量进行 -10dB 削减和 +20dB 提升，满足多种录音场合的使用。三段式高通滤波器可以根据需要滤掉 75Hz 或 150Hz 以下的音频，降低录音环境中的交通环境音、空调和电器发出的低频噪声。当使用 9V 电池供电时，可以通过 3.5mm TRS 音频线输出音频，当使用 mini XLR 端口输出音频时，可以使用录音机的 48V 幻象电源供电（图 3-25 和图 3-26）。

▲ 图 3-25

▲ 图 3-26

罗德 Stereo VideoMic X 麦克风在电视节目录制和电影拍摄中应用广泛，录制的高品质立体声音频具有极强的现场沉浸感。麦克风适合户外自然环境的环境音录制、户外音乐会现场环境音录制、室内演出活动环境音录制，这些音频可以作为视频的主声音。这款麦克风也可以作为背景环境音的录音麦克风，与后期录制的人声混合使用。影视节目和采访现场同期声的录制可以结合使用罗德 Stereo VideoMic X 麦克风和无线领夹式麦克风（或指向性麦克风），无线领夹式麦克风或指向性麦克风录制纯人声，罗德 Stereo VideoMic X 麦克风录制环境音，后期制作时可以根据需要调整人声和环境音的比例。这款麦克风的另外一个应用就是在室内录制 ASMR 视频时作为录音设备，它能录制极致、细腻的立体声，如图 3-27 所示。

▲ 图 3-27

### 3.2.4 大振膜麦克风

影视作品和 Vlog 短视频中录制的声音大多数以同期声和环境声为主，这些声音需要使用指向性麦克风、领夹式麦克风和立体声麦克风录制。在录制要求较高的知识分享类视频和 Vlog 短视频的旁白时，大振膜麦克风是最合适的麦克风种类。**大振膜麦克风的振膜比较大，能够带来极高的灵敏度，可以录制十分细腻的音频，所以大振膜麦克风广泛用于**

电台直播、电影旁白录制、唱片录制、诗歌朗诵等场合。在 Vlog 短视频的录制中也很适合做主播话筒和旁白录制话筒。

罗德 NT1 是一款大振膜电容麦克风，这款麦克风能够录制温暖、自然的声音，电流噪声极低。由于使用了话筒内置防震结构，当结合外部 SMR 防震支架一起使用时，能够带来卓越的防震效果。家庭录音用户可以使用罗德 NT1 和 AI-1 套装，这个套装包括一个 NT1 麦克风和一个 AI-1 音频接口，带有音量调节和耳机监听功能，这个音频接口也可以为 NT1 麦克风带来 48V 幻象电源。在家里和小型工作室使用这套搭配，可以在计算机上快速完成高品质旁白录制，如图 3-28 所示。

专业视频拍摄用户也可以选择高端音频接口或高品质录机连接罗德 NT1 使用，为录制的音频带来更高的品质，如图 3-29 所示。

▲ 图 3-28

▲ 图 3-29

# 3.3 不同拍摄环境录音方案解析

没有任何一只麦克风可以在所有环境下进行完美地录音，基本上每一种环境都有适合录音的麦克风。创作者当然不能买下所有种类的麦克风，但在选购之前一定要对录音效果、录音方案和录音成本进行预估，看看哪些方案和麦克风产品是最适合自己的。由于麦克风的种类特别多，根据 Vlog 短视频拍摄的环境主要分为室内和户外两种类型，每种环境都有适合的录音方案和适用的麦克风。

## 3.3.1 室内录音

绝大多数室内录音环境都面临着多方面的挑战，如果处理不当，即使使用了非常高档

**的麦克风，也不一定能录制出很好的声音。这些挑战包括：房间面积、墙壁材质、环境噪声、录音距离。**

不同面积的房间产生的回音大小不同，房间的形状对回音也有影响，在大多数家居环境和办公室中录制声音，完全不受回音的影响是很困难的。

回音的产生和墙壁的材质也有关系，声波可以在光滑的硬质墙壁之间反射，麦克风录到人声和多次反射之后的人声就产生了回音，要想把回音对录制的音频成品的影响降到最低，可以在墙壁上贴上吸音材料，比如吸音棉。如果没有办法对房间的墙壁进行这样的改造，也可以在墙上挂上厚窗帘来缓解回音的影响。**干净的音频可以很方便地在后期添加混响，但是很难在后期去除混响来得到干净的音频。**

环境噪声也是在室内录制音频要面临的问题，房间外面人群的活动声、室内空调的嗡嗡声、计算机风扇的噪声、电器发出的电流声都属于环境噪声。**解决方案就是要么隔离这些噪声，要么关掉这些制造噪声的设备。**

录音距离也是影响录音效果的因素，录音距离越近，受到外界噪声的干扰就越少。**在室内录制旁白和视频时都要尽可能地让麦克风距离人物的嘴更近一些。**

在对房间的声学环境进行优化之后就可以录音了。

旁白录制

**很多旅拍和生活视频素材的后期剪辑需要配音，旁白是一种很好的配音方式，旁白录制的要求是人声干净、细腻，一般需要单声道音频，不建议立体声录制。**干净的声音意味着需要在回音小的室内录制，人声的细腻程度取决于麦克风振膜的尺寸、麦克风的灵敏度和录制距离。如果没有专业的消音录音棚，就需要在尽可能优秀的录音环境里录音。大部分住宅和工作室不经过专门的改造是无法成为优秀的录音环境的。我经常在衣柜里完成配音，因为衣柜里空间很狭小，挂满衣服之后不会产生明显的回音，录音时注意不要和衣架等异物碰撞发出噪声。

要想录到最佳的录音效果，首选大振膜电容麦克风加声卡或录音机。建议录音时佩戴监听耳机，实时监听录音效果。因为大振膜电容麦克风非常灵敏，就连细小的噪声都会被录制进去，在录音时需要格外注意。录制旁白时需要使用话筒支架、防震支架和防喷罩（图 3-30）。

**如果家庭的录音环境无法做到专业录音棚的程度，也可以使用大振膜 USB 麦克风，**这种麦克风的声卡已经做进了麦克风本体，连接计算机或手机就可以录音，灵敏度也比专业的大振膜电容麦克风稍低，对录音环境的要求没有那么苛刻，录音时防震支架和防喷罩是必须准备的。

▲ 图 3–30

枪式麦克风和机顶麦克风也可以作为旁白录制麦克风，但不是首选。如果要求更低，领夹式麦克风可也以录制旁白。

### 同期声录制

**录制 Vlog 短视频同期声至关重要，很多同期声是不能通过后期配音得到的，所以录制时需要直接录制高质量的同期声。**

**室内 Vlog 短视频同期声录制首选领夹式麦克风。领夹式麦克风能清晰地录制近距离的声音，并且对稍远的噪声不太敏感，所以领夹式麦克风非常适合室内 Vlog 短视频的同期声录制。**无线领夹式麦克风可以将人声无线传输直接录制到相机里，人物在运动中也非常方便录音。在后期处理视频时，优质的音频和视频被封装在同一个文件里，处理效率最高，现场操作也最方便。罗德 Wireless GO 和 RØDELink Filmmaker Kit 都是非常合适的选择（图 3-31）。

使用有线的领夹式麦克风录制，只要线足够长也可以直接插到相机上录制。由于是有线连接，录制的声音不会受到电磁信号干扰，声音质量稳定，后期处理时也非常高效，这种录音方案的成本非常低，但缺点是在拍摄中人物不能移动（图 3-32）。

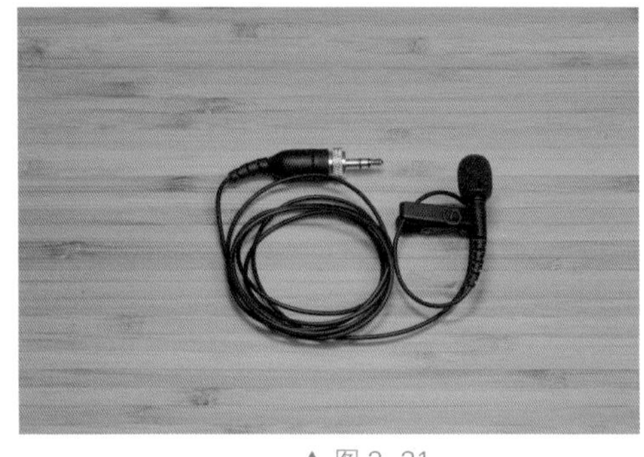

▲ 图 3-31

▲ 图 3-32

有线的领夹式麦克风也可以连接到手机或者录音机上，通过外录的方式录制同期声，后期通过剪辑软件把视频和音频对轨合成。这种录音方案的优点是成本低，缺点是后期处理效率比上述两种方案低——多一道工作流程。

**如果拍摄现场房间的声音结构优秀，或者做了充足的吸音工作，就可以直接使用枪式麦克风和机顶麦克风录制 Vlog 短视频同期声了**（图 3-33）。如果条件允许，尽量将麦克风放置在靠近被摄人物嘴部，指向嘴的方向，这样就能录制到不错的同期声。使用枪式麦克风和机顶麦克风录制 Vlog 短视频同期声，好处是人物的胸前不用安装领夹式麦克风，视频里的人物看上去比较清爽。指向性麦克风的摆放最好采取从上倾斜向下的方案，结合地毯能有效地降低

▲ 图 3-33

房间混响对录音的影响。在室内录制人声的指向性麦克风，建议使用罗德 NTG3、罗德 NTG4、罗德 NTG4+ 等高品质麦克风。如果房间的声学结构不好，或者没有做充分的吸音工作，尽量不要使用此方法录制。

## 3.3.2 户外录音

户外拍摄 Vlog 短视频时录制的声音主要是同期声和环境音，面临的挑战是风声、周围人群的谈话声、周边的环境噪声等。如果在交通工具里拍摄视频还会面临交通工具发出的噪声和周边环境的声音，针对这些录音环境的不利影响，需要设置不同的录制方案（图 3-34 和图 3-35）。

▲ 图 3-34

▲ 图 3-35

### 同期声录制

**户外 Vlog 短视频同期声录制面临着诸多噪声的影响，那么，如何将这些噪声的影响降到最低水平呢？使用带有指向性的麦克风可以解决这个问题。**使用枪式麦克风和机顶麦克风在户外拍摄同期声时，可以将麦克风指向人物的嘴，这时录制的声音以人物的声音为主，还会录制部分麦克风两侧的声音，麦克风后方的声音基本不会录制到。使用这种方案录制的声音，实际的听感是带有环境音的人声，非常适合在环境不是特别吵闹的环境下录制同期声（图 3-36 和图 3-37）。

▲ 图 3-36

▲ 图 3-37

如果想进一步抑制环境噪声，可以打开麦克风的高通滤波，试一试哪个频段的滤波对现场环境声的抑制更有效。如果在有风的环境中录制视频，还需要给麦克风安装防风毛衣，把风噪抑制到最低水平。这样做会让录制的声音损失一些高频，如果麦克风有增强高频的功能，建议打开，如果没有，可以在后期调整音频的 EQ 曲线。由于枪式麦克风和机顶麦克风都有指向性，这种录音方案适合单人和多人的节目录制。户外拍摄使用的指向性麦克风推荐罗德 NTG3、罗德 NTG4、罗德 NTG4+，机顶麦克风推荐罗德 VideoMic Pro+ 和罗德 VideoMic NTG。

在户外拍摄 Vlog 短视频，如果使用枪式麦克风和机顶麦克风录音，人物和麦克风之间的距离难免会忽近忽远，这会使录出来的声音忽大忽小，**解决方案是使用无线领夹式麦克风录音，由于领夹式麦克风距离人物的嘴更近，录制的音频中人声就更突出，周围的环境音更少。**如果录制的 Vlog 短视频仅仅需要观众专注于聆听主播介绍的内容，不需要通过环境声音表达主播所处的环境，使用领夹式麦克风是很好的录音方式。户外拍摄使用无线领夹式麦克风首选 RØDELink Filmmaker Kit，若录制距离较近，可以选择罗德 Wireless GO（图 3-38 和图 3-39）。

【视频】户外机顶麦克风与无线麦克风录音

▲ 图 3-38

▲ 图 3-39

▲ 图 3-40

**如果声音中还需要部分环境音来烘托气氛，单纯使用无线领夹式麦克风（图 3-40）就不是最佳方案，使用无线领夹式麦克风结合录音机再录制一个环境音的立体声音轨就比较理想了。**这种录音方案在电影和要求比较高的电视节目中经常使用，后期可以根据需求调整人声和环境音的比例，使其达到最佳效果。当然这是非常专业的录音流程，需要的录音设备也比较麻烦。还有另外一种低成本的解决方案，就是单独录制环境音，后期将环境音和人声合成。

### 环境音录制

在户外拍摄 Vlog 短视频需要的最主要的声音是人声，环境音是锦上添花的元素。在录制 Vlog 短视频声音环节，如果录制人声的同时录制优质的环境音很困难，可以单独录制环境音。拍摄单纯的环境的空镜头时，也需要录制环境音。和人声录制不同的是，环境音需要使用立体声的格式录制。机顶 XY 结构的立体声麦克风可以实现让人身临其境的环境音录制，如果对音质的要求没有那么苛刻，也可以使用录音机自带的 XY 结构立体声咪头录制环境音。录制环境音时需要注意风噪和震动对声音的影响，在有风的环境中需要使用防风毛衣，若有条件需要把录音机固定到支架上进行录制，避免手持产生震动影响录音效果。罗德 Stereo VideoMic X 和罗德 Stereo VideoMic Pro Rycote 都是适合环境音录制的立体声麦克风（图 3-41 所示）。

▲ 图 3-41

## 录音器材

录音机是专业的录音设备，内置专业录音芯片的录音机录制的声音品质要远好于相机直接录制的声音品质，录音时可以调整的参数也更多，录音机连接麦克风的便利性也远高于相机。在拍摄视频时，如果对录音的要求比较高，首选录音机录制，如果对录音只是普通要求，使用相机拍摄视频的同时外接麦克风录制即可。

### 3.4.1 主机录音方案

每个人的拍摄主机都不相同，手机、运动相机、卡片机和微单相机都可以作为拍摄主机。其实，各种主机器材和麦克风之间进行连接的形式大致相同，只是略有差异。

### 手机与麦克风连接

不同历史阶段的手机和不同品牌的手机音频接口不同，要想和麦克风连接使用，需要搞清楚这些接口之间的连接方案。拍摄视频使用的两大手机阵营分别是苹果公司的 iPhone 手机和众多厂家的 Android 手机，近些年发行的绝大多数 iPhone 手机使用的是 Lightning 接口，很多 Android 设备也将音频插孔改成了 USB-C。**除了有些厂家专门为这两种设备研发了相应接口的专属麦克风，想在手机上使用麦克风一般都需要转接，即使是使用 3.5mm 音频接口的手机，连接麦克风也需要转接**（图 3-42）。

▲ 图 3-42

**苹果公司的部分 iOS 设备仅配备了 Lightning 接口，可以直接安装使用 iOS 设备专属的 Lightning 接口麦克风，避免转接音频线的麻烦。**罗德 VideoMic Me-L、罗德 i-XY、罗德 SC6-L Mobile Interview Kit 和罗德 i-XLR 是可以通过 Lightning 接口直接连接到 iOS 设备的麦克风或者接口；罗德 VideoMic Me-L 是带有监听耳机插孔的指向性麦克风，拍摄 Vlog 短视频非常方便快捷；罗德 i-XY 是立体声麦克风，非常适合录制环境音；罗德 SC6-L Mobile Interview Kit 可以同时连接两根罗德 smartLav+ 领夹式麦克风录音，录制播客和双人节目的音频很方便，录制节目的音频时可以实现现场监听；罗德 i-XLR 是一款 XLR 接口的麦克风转接头，通过这款转接头可以在 iPhone 上连接专业的 XLR 接口的麦克风，并且在录制时提供实时监听功能。

如果 iOS 设备上还有 3.5mm 音频接口，可以通过苹果的闪电转 3.5mm 耳机插孔转换器，把罗德 smartLav+ 连接到 iOS 设备上使用。罗德 smartLav+ 可以直接作为领夹式麦克风录制音频，也可以在 iPhone 上录制音频，将 iPhone 当作录音机使用。

【视频】手机连接麦克风录音案例

有很多为相机研发的麦克风也可以在 iOS 设备上使用，需要两根转接线（图 3-43 和图 3-44）。苹果 iOS 设备的 3.5mm 接口为 TRRS 规格，大多数为相机和录音机研发的麦克风的 3.5mm 接头均为 TRS 规格。使用时只需把麦克风的 3.5mm 插头通过罗德 SC4 3.5mm TRS 转 TRRS 接头连接到 iOS 设备的 3.5mm 音频接口即可。如果 3.5mm 接口的麦克风是可换音频线设计就更方便了，直接把这根线换成罗德 SC7 3.5mm TRS 到 TRRS 的跳线即可。有一个很方便记忆的方法，罗德的转接头和转接线，黑色的接口或插头是连接录音机和相机的常规 TRS 规格，灰色的是连接 iOS 设备的 TRRS 规格。

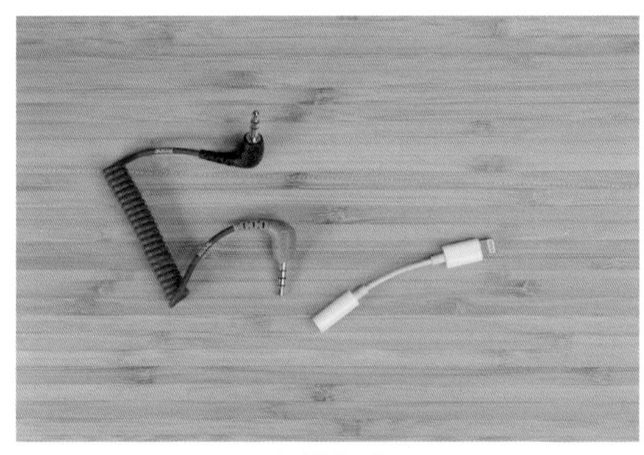

▲ 图 3-43

▲ 图 3-44

**Android 手机的音频接口有 USB-C 和 3.5mm TRRS 接口两种。**虽然 Android 手机和 iPhone 手机的 3.5mm TRRS 接口从外观上看是一样的，但两者的 TRRS 内部跳线不同，而且不同的 Android 手机之间 TRRS 规格的内部跳线也不相同，这就导致使用 Android 手机拍摄视频时连接麦克风比较麻烦。

**运动相机与麦克风连接**

以 GoPro 为例，运动相机外接麦克风之后可以拓展拍摄内容，提升录音音质。**GoPro 从第五代机型开始配备了 USB-C 接口，所以 GoPro 不能直接连接 3.5mm TRS 规格的麦克风，需要一个音频转接头才能完成连接。**这款音频转接头的名称是 Pro 3.5mm Mic Adapter（图 3-45），这个转接头可以把无须供电的 3.5mm TRS 规格麦克风、自供电的 3.5mm TRS 规格麦克风和其他音频设备通过 3.5mm TRS 接口输入音频（图 3-46 和图 3-47）。

在连接 Pro 3.5mm Mic Adapter 之前，GoPro 的音频输入后面的选项为灰色的“不适用”3 个字，连接以后就会出现“标准”“标准 +”“通电麦克风”“通电麦克风 +”“线路接入”5 个选项。当连接罗德 VideoMicro 这种无须供电的麦克风时，选择“标准”即可；如果需要给无须供电的麦克风增加 20dB 音量，选择“标准 +”；连接罗德 VideoMic Pro+ 这种自带供电的麦克风，则选择“通电麦克风”；当需要将通电麦克风的音量提高 20dB 时，选择“通电麦克风 +”；若需要将其他音频设备的声音接入 GoPro，选择“线路接入”。

【视频】GoPro 连接麦克风录音案例

▲ 图 3–45

▲ 图 3–46

▲ 图 3–47

卡片机与麦克风连接

卡片机的机身设计都很轻薄、紧凑，绝大多数相机都省略了 3.5mm 麦克风接口，这给使用卡片机的用户带来了很大麻烦。使用外部录音设备是比较可行的解决方案，代价就是需要在后期将录音和视频对轨合成。不过佳能的 G7XIII 和索尼的 RM100M7 都是有 3.5mm 麦克风接口的机型，外接麦克风比较方便。

微单相机与麦克风连接

绝大多数微单相机配备了 3.5mm 麦克风接口，麦克风和相机的连接非常容易，只需将麦克风的 3.5mm 插头和微单相机的 3.5mm 接口连接就可以了，这样微单相机可以连接机顶麦克风、领夹式麦克风、立体声麦克风等多种麦克风（图 3-48）。

如果拍摄现场对声音的录制有更高要求，需要连接 XLR 接口的枪式麦克风。如果需要同时使用两个 XLR 音频接口，就需要选择专用的音频接口。索尼微单用户可以使用 XLR-K2M XLR 适配器套装或 XLR-K1M 适配器套装。如果同时需要使用多个 XLR 接口，可以选择 TASCAM DR-701D 这种录音机（图 3-49 和图 3-50）。

▲ 图3-48

▲ 图3-49

▲ 图3-50

## 3.4.2 录音方案

当用主机拍摄视频时，有很多声音是直接将麦克风连接到相机上录制的，但是很多视频采用这种方案不能很好地完成拍摄，也许会遇到音频线太长、相机直录的音质不够好、需要同时录制多轨音频、没有更多资金购买无线麦克风等问题，这时就需要使用录音机等外部录制设备。

### 手机录音

手机录音，特别是 iPhone 手机录音的音质已经非常不错了，和相机录制的声音的音质相当。那么，为什么不用相机录音而要使用手机录音呢？在拍摄 Vlog 短视频的过程中，无线领夹式麦克风可以在远距离无线收音，视频和音频同步录制，但在很多低成本的视频拍摄中，无线领夹式麦克风的成本还是有些高的。可以使用便宜的有线领夹式麦克风在手机上录音作为替代方案，把手机作为一个随身的录音机使用，后期再将视频和音频进行合成。这样虽然麻烦，但可以有效地控制拍摄成本，手机的录音 App 可以选择罗德的“RØDE Reporter”（图 3-51）。

▲ 图3-51

### 录音机录制

入门级录音机和手机相比，并不一定比手机更大，很多迷你录音机反而更小一些，比如 TASCAM DR-10L——体积还不到手机的一半，音频接口是带有安全螺丝的 3.5 mm TRS 规格的，并且自带一个领夹式麦克风（图 3-52）。将这种超级迷你的小型录音机戴到身上并不会给录制带来太大的负担。3.5 mm TRS 规格的接口除了可以连接自带的领夹式麦克风，还可以连接机顶麦克风。

TASCAM DR-10L 录音机可以录制安全音轨，内置低切滤波器、限幅器，可以录制 WAV 和 MP3 格式的文件。

专业录音机具备完善的录音功能，有多种录音接口，以及多种录音格式和多种麦克风适配，拍摄视频时使用录音机可以极大地拓展录音的灵活性。有一些专门为了相机拍摄而研发的录音机还可以和相机进行联动拍摄，这为后期制作视频时对音频进行调整带来了极大的便利性。

TASCAM DR-701D（图 3-53）就是一款专为微单相机和单反相机研发的录音机，所以从造型上看并不是手持录音机的造型。TASCAM DR-701D 非常便于安装在相机的底部，也可以为其安装背带，将其当作一个便携式录音机使用。为什么要使用录音机呢？先来看看使用相机直接录音的痛点：相机直接录音声音品质不高，相机内只能调节录音音量，无法调整录音品质和录音文件格式。相机只能连接一只麦克风，而且仅限于连接 3.5mm 音频接口的麦克风，无法同时连接多只麦克风。有的相机没有耳机接口，无法监听录音。这些痛点在 TASCAM DR-701D 录音机上都可以完美地解决。

▲ 图 3-52

▲ 图 3-53

TASCAM DR-701D 录音机有 4 路 XLR 接口、1 路 3.5mm 立体声接口，内置 1 对立体声麦克风、1 对 HDMI 输入输出接口、1 个 TC IN 接口、1 个 3.5mm CAMERA IN 接口、1 个 3.5mm CAMERA OUT 接口、1 个 3.5mm LINE OUT 接口、1 个 3.5mm 耳机接口（50mW+50mW 输出）、1 个 Micro USB 接口、一个 SD 卡插槽。（图 3-54 和图 3-55）。

TASCAM DR-701D 录音机可以通过 1 路 3.5mm 立体声接口连接一只普通的麦克风，可也以使用 4 路 XLR 接口连接多只专业麦克风，并在录音机内部提供 48V 幻象电源。录音机内置的1对立体声麦克风可以录制环境音，这对于后期调整人声和环境音的比例很方便。

▲ 图 3-54

▲ 图 3-55

这款录音机最神奇的是可以通过HDMI和TC IN接口把相机的时间码输出到录音机中（图3-56），并且可以通过HDMI同步录制，这对于Vlog短视频和微电影的后期处理非常方便。剪辑时拥有的素材包括相机内的视频文件和录音机里的多轨音频文件。由于这些音频文件是通过相机的HDMI接口同步录制的，所以视频和音频的长度完全一样，可以节省大量后期对轨的时间。

▲ 图3-56

由于录音机有一个3.5mm CAMERA IN接口，通过这个接口把相机和录音机相连，在录音机上就可以选择监听录机的每一轨音频和相机里录制的音频。

以上性能对于使用微单相机和单反相机录制Vlog短视频非常便利，TASCAM DR-701D录音机的录音素质也非常高，可以满足拍摄专业视频用户的要求。最高支持192kHz、24bit音频录制，失真度低至0.007%，信噪比为100dB，支持A格式/B格式的Ambisonics录制VR全景声，并且充电宝外部供电，带有大推力耳机输出，这些功能足以让一个摄影师和后期剪辑师兴奋。

## 3.4.3 音频指标

**声音是有衡量标准的，音频文件和音频指标都有行业标准。**不同的录音机和拍摄主机能够记录的声音格式不同，声音素质也不同。首先来看音频文件。

### 音频文件

- MP3是一种压缩编码音频格式，也是有损压缩格式，常见码率包括128kbps、256kbps和320kbps等。MP3格式的文件比WAV格式的文件小很多，便于在有限的空间保存较长的音频，这种音频格式常见于手机和录音机录制的文件。

- AAC是由Fraunhofer IIS-A、杜比实验室和AT&T公司共同开发的一种音频格式，是一种有损压缩音频格式，在相同的音质下，比MP3格式的文件有更高的压缩率。
- AIFF是由苹果公司开发的音频文件，苹果设备广泛支持，绝大多数音视频剪辑软件也都兼容此格式。
- WAV是由微软公司开发的音频文件格式，这是一种受到广泛支持的音频文件格式，通常所说的PCM也是WAV格式的文件。WAV格式的文件可以设置成较高的采样率和码率，音质极佳。由于WAV是目前受到最广泛支持的高品质音频文件格式，录音机和微单相机里都以此格式作为音频文件格式的标准。

音频规格

**音频常见的采样频率有 44.1kHz、48kHz、96kHz、192kHz，数值越高，声音质量越高。**CD 的采样频率是 44.1kHz，微单相机的采样频率通常能够达到 48kHz，部分录音机的音频采样频率可以达到 96kHz 或 192kHz。

采样位数决定着声音的动态范围，8 位的音频从最低到最高有 256 个级别，16 位的音频从最低到最高有 65 536 个级别，24 位的音频则拥有更多的级别。

**电平是声音音量的标准，基准电平音量为 0dB，录音时最大音量超过 0dB 声音就会失真。失真的声音是无法通过后期调整修复的，所以在前期录音时可以让最大电平低于 -6dB，高于 -20dB，确保声音的饱满度。**

**声音是图像的第二张面孔，优质的声音可以帮助画面传递情绪、烘托气氛，劣质的声音则会毁掉一段视频。正确地使用麦克风和录音器材，根据不同的拍摄场合使用最合适的器材，能录到更优质的声音。**

# 第4章 稳定器材与方案

前面几章讨论了视频拍摄最重要的元素：视频质量和音频质量。要想拍好一段视频，首先应该注意的是什么呢？很多新入门的创作者认为是酷炫的画面，也就是各种酷炫抖动的画面，再加上时尚的音乐，其实这只是众多视频形式中的少数。**拍视频和学习舞蹈一样，一段精彩的舞蹈是由若干基本舞步组成的，一段精彩的视频也是从若干基础运镜开始的，所以“稳”字当头才是拍好一段视频首先应该注意的问题（图 4-1）。**

▲ 图 4–1

本章介绍保持画面稳定的方案和需要借助的摄影器材，稳可以分成静态的稳和动态的稳，静态的稳需要稳定的机身，动态的稳需要流畅的运镜。

## 4.1 三脚架的使用建议

**三脚架是固定相机的摄影配件，也是拍摄固定机位的最佳工具（图 4-2）**。不同的拍摄需求要搭载不同的拍摄器材，因此三脚架也分成很多种类。**拍摄视频所使用的三脚架材质有塑料、铝合金、碳纤维。根据结构可将三脚架分成柔性三脚架、扳扣式三脚架和旋锁三脚架。根据用途可将三脚架分为摄影三脚架和摄像三脚架。**在刚开始学习摄影的时候，一位老师

【视频】三脚架综述

告诉我，当我买到第七个三脚架的时候才明白哪个三脚架最适合。的确，我在学习摄影初期，选择三脚架走了不少弯路，现在家里也有一大堆三脚架，但最常使用的只有一两个。

**选择什么样的三脚架完成拍摄要根据三脚架的承重、自重、工作高度、功能、品质、价格来综合考量。**三脚架的主要功能是稳，所以不稳的三脚架即使再便宜也要一票否决。**一般情况下，管脚粗、节数少的三脚架比较稳。**在保证稳定的情况下，如果有携带出门的需求，还要考量三脚架的自重。**塑料材质和碳纤维材质要比铝合金材质的三脚架更轻。**虽然三脚架的主要功能都相同，不过有些厂家的产品还是很有新意的，也有很多功能可以提高拍摄的效率和优化拍摄的体验。三脚架的品质和价格同样也是要考虑的范畴，经不起磕磕碰碰和日常使用的三脚架再便宜也不能买。

▲ 图 4–2

### 4.1.1 迷你三脚架

手机、运动相机和卡片机都比较轻，使用轻型的三脚架就能支撑相机的自重。在轻型三脚架领域，Joby（宙比）公司的系列产品非常丰富，已经涵盖了手机、运动相机、卡片机、微单相机和单反相机。Joby 隶属于未泰克影像有限公司，著名的三脚架品牌曼富图和捷信均在未泰克影像有限公司旗下。Joby 三脚架以迷你型三脚架为主，适合手持拍摄、桌面或地面摆放以及缠绕固定，安装和布置机位非常灵活。

HandyPod 是 Joby 的轻型三脚架，非常适合在桌面上使用，将三脚架合并就变成了手持拍摄手柄，亲肤的橡胶层结合人体工学造型，手感非常舒适。这款轻巧的三脚架主体为塑料材质，承重 1 000 克，整体异常坚固。HandyPod 的球形云台仅需一个按钮就能解锁，支持竖拍，这样的云台设计可以非常高效地完成拍摄（图 4-3）。

HandyPod 可以支撑的拍摄器材包括手机、运动相机、卡片机，重量在 1 000 克以内的小型微单和单反相机也能支撑。使用 HandyPod 三脚架单独支撑麦克风和 LED 补光灯也是可以的（图 4-4）。

▲ 图 4-3

▲ 图 4-4

Joby 八爪鱼系列三脚架是市场上最热门的便携三脚架产品，大家对 Vlogger 的印象都是手持一个 Joby 八爪鱼三脚架，在相机上安装一个罗德机顶麦克风，足以见得这款产品有多深入人心（图 4-5）。

▲ 图 4–5

Joby GorillaPod Rig 手机三脚架拍摄系统是一款专门为手机拍摄打造的多功能三脚架系统，其本体是柔性八爪鱼结构，适合手持、桌面摆放和缠绕固定（图 4-6）。GripTight Pro 手机夹上的两颗螺丝，一颗负责调整云台的俯仰角度，一颗负责快速切换横屏和竖屏，使用手机拍摄无论是横幅构图还是竖幅构图都很容易实现。

【视频】小型八爪鱼三脚架应用

Joby GorillaPod Rig 手机三脚架拍摄系统还包含两个支撑臂，带来两个额外的 1/4 英寸接口，在冷靴套件和 GoPro 运动相机转接头的转换下可以实现很多拓展功能，加上手机夹顶部的一个冷靴接口，这款手机三脚架套装可以同时连接 3 个外设。在使用手机拍摄的同时可以使用麦克风、灯光和第二机位的 GoPro 运动相机（图 4-7）。

GripTight PRO Video GP Stand 是一款更专注于运镜的手机三脚架，Joby GorillaPod Rig 更像一款提供静态的多功能一体式解决方案的手机三脚架拍摄系统。GripTight PRO Video GP Stand 的手机夹部分和上一款三脚架类似，云台上包含一个金属手柄，通过这个手柄可以顺滑地操控云台做俯仰的运镜，也可以顺滑地做移镜头的运镜。这是一个令人惊讶的云台结构，

【视频】小型八爪鱼三脚架运镜体验

如此小巧的云台居然也可以很顺滑地完成这两个专业的运镜，并且在运镜的过程中手机不会发生晃动，因此很适合户外拍摄空镜头，以及在旅拍中拍摄建筑、风光、美食特写（图 4-8）。

▲ 图 4-6

Joby GorillaPod 多功能迷你三脚架套装 3K 是一款承重为 3 000 克的柔性八爪鱼三脚架，这个承重级别已经可以支撑部分微单相机和单反相机了。可拆卸的球形云台上有可拆卸的快拆板，快拆板上的气泡水平仪可以帮助创作者确认相机的水平情况。整个球形云台只有一个旋钮，这个旋钮控制着俯仰和水平的锁紧。Joby GorillaPod 多功能迷你三脚架套装 3K 是手持相机自拍、桌面 Vlog 短视频拍摄和静物拍摄的首选三脚架（图 4-9—图 4-11）。

【视频】微单相机八爪鱼三脚架应用

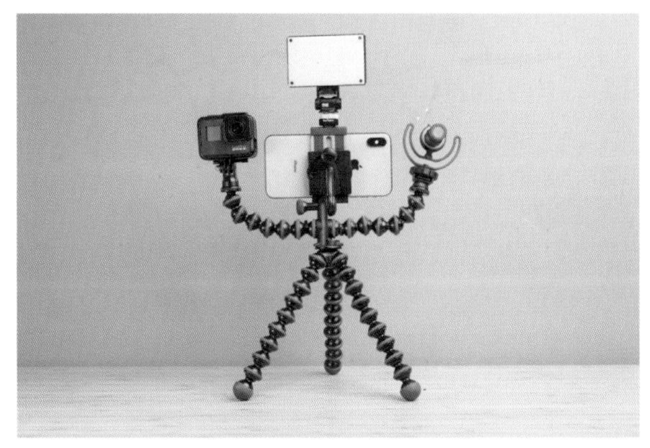

▲ 图 4-7

▲ 图 4-8

▲ 图 4-9

▲ 图 4-10

▲ 图 4-11

## 4.1.2 相机三脚架

**Vlog 短视频创作者拍摄的内容不仅仅局限于视频，也可以拍摄一些照片。传统的摄像三脚架都比较重，并且三脚架的底部还有固定装置，云台部分有快速调平的碗形结构。云台多以液压云台为主。这样的传统摄像三脚架明显不适合 Vlog 短视频创作者，因为太大、太重，也不具备照片拍摄功能。传统的摄影三脚架相对轻巧、结构简单，云台以球形云台和三维云台为主，没有摄像云台的快速调平结构和手柄，这对于拍照来说很理想，对于视频拍摄的运镜非常不便。**

Vlog 短视频创作者其实需要的是一款摄影与摄像二合一的三脚架，结合摄影三脚架的轻便造型和摄像三脚架的功能。印迹（iFootage）羚羊系列就是极具创意的轻便型摄影与摄像二合一的三脚架产品（图 4-12）。

【视频】摄影和摄像二合一三脚架

印迹羚羊三脚架分为 5、6、7 共 3 个系列，每个系列有航空铝合金和碳纤维两种材质，A 代表航空铝合金，C 代表碳纤维。这 6 款三脚架分别为 TA5、TC5、TA6、TC6、TA7、TC7。TA5 和 TC5 是最紧凑的型号，收纳长度为 52.5cm，最大工作高度为 150cm，管脚为 4 节，适合个人用户。TA6 和 TC6 是标准尺寸的三脚架，收纳长度为 63.5cm，最大工作高度为 165cm，管脚为 3 节，适合小型工作室。TA7 和 TC7 是无中轴三脚架，收纳长度为 67cm，最大工作高度为 155cm，管脚为 3 节，适合工作室以及媒体等专业用户。

下面按照拍摄视频的流程来看一下如何使用相机三脚架。

携带与收纳是使用三脚架的第一步，Vlog 短视频创作环境包含室内与室外，方便收纳携带，可以快速打开进行拍摄是非常重要的。以印迹羚羊三脚架的航空铝合金版 3 节管脚三脚架 TC5 为例，三脚架是扳扣式结构的（图 4-13），一次可以打开每根管脚的 3 个扳扣，展开 3 条腿是很快的。这款三脚架没有采用反折结构，所以展开的效率很高。

▲ 图 4–12

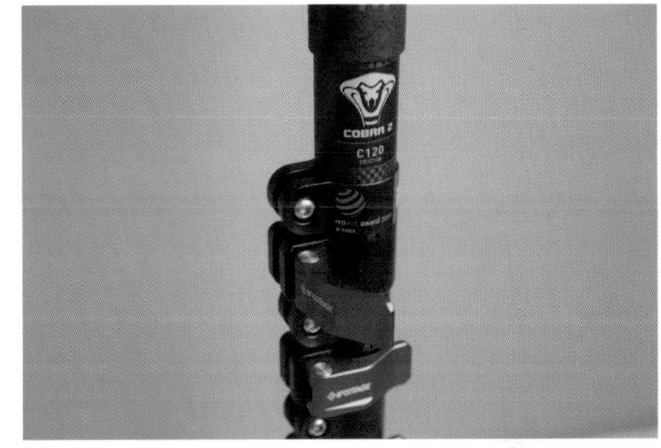

▲ 图 4–13

摄像三脚架与摄影三脚架最大的不同在于云台调平结构。摄影三脚架的调平依靠的是球形云台和三维云台，摄像三脚架依靠的是云台下方的碗形（球碗）结构。印迹羚羊 TC5（图 4-14）的外观是摄影三脚架，不过在云台的下方有一个碗形结构，球碗下方的红色扳手就是球台的锁紧装置，结合球碗边沿的水平仪就能很快地判断三脚架的云台是否调整水平（图 4-15）。

▲ 图 4–14

▲ 图 4–15

在拍摄视频时，除了拍摄固定机位，在运镜的过程中需要让相机做匀速水平的摇机位运动，或者做垂直的俯仰运动，这就需要三脚架的云台支持这些操作，这些都是摄影三脚架不具备的功能。羚羊三脚架结合科莫多 K5 液压全景云台刚好可以完成这些操作。在拍摄中如果需要升降中轴，只需调整球碗下方的第二个扳扣即可（图 4-16）。

▲ 图 4-16

不同的机位可以实现不同的拍摄效果，印迹 TC5 羚羊三脚架可以在拆掉中轴的情况下，以超低机位拍摄，几乎可以贴地，最低工作高度为 17.5cm。如果需要俯拍特写，特别是在进行微距拍摄和拍摄桌面开箱视频等时，可以打开三脚架，倒置中轴，这些都是传统摄像三脚架完成不了的（图 4-17）。

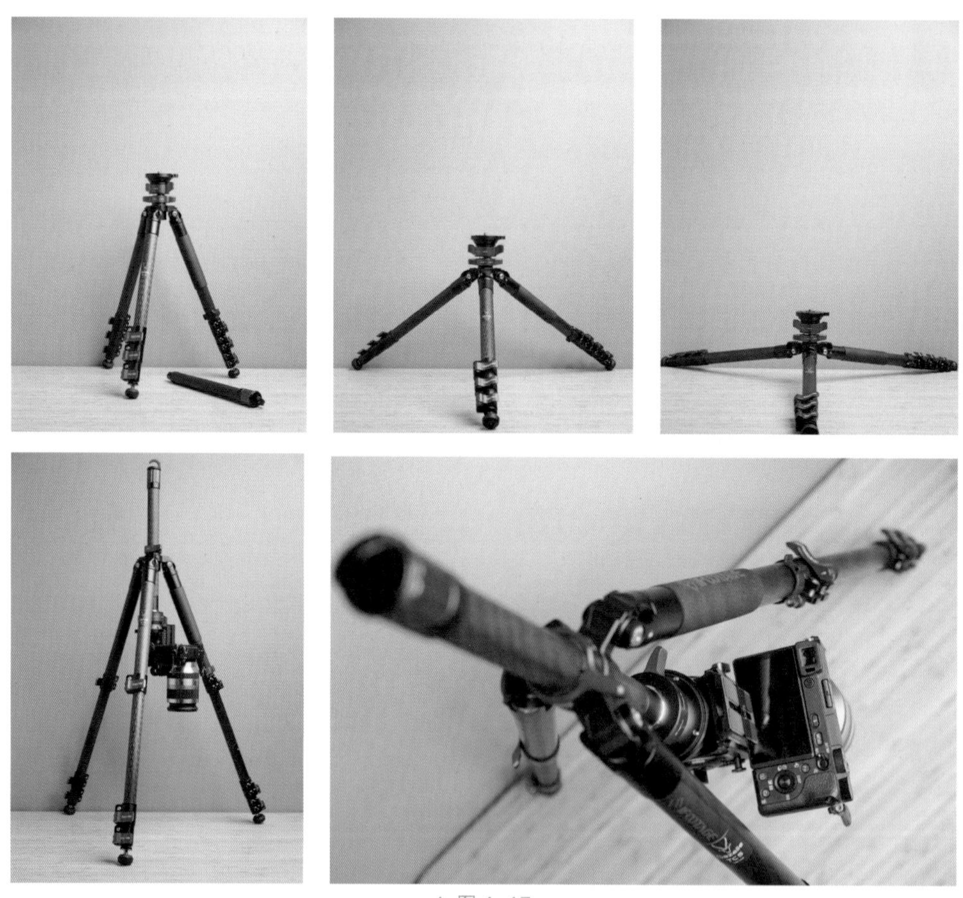

▲ 图 4-17

三脚架在支撑相机的同时，最好也能提供对更多器材的支撑和连接，“单兵作战”的摄影师可能不会为相机安装兔笼。相机上除了有一个热靴接口可以连接监视器、麦克风或灯光三者中的一种，就没有其他可以利用的接口了。羚羊 TC5 三脚架上还有一个额外的 3/8 英寸接口，在科莫多 K5 液压云台的左右两侧各有一个 1/4 英寸的接口，在不使用手柄的情况下允许外接 3 个设备，加上相机机顶的热靴接口，可以同时使用 4 个外部设备。麦克风、录音机、LED 灯、监视器（录机）这些设备就可以同时使用了（图 4-18）。

▲ 图 4-18

# 4.2 独脚架的使用建议

创作者在拍摄视频时，会受到很多因素的影响，特别是在人员稠密区域，使用大型专业器材拍摄虽然很方便，但会引起很多人的围观，携带起来也不方便。在人群中使用大型器材拍摄也很瞩目，大家看到身边有这样的拍摄者也会警觉，这无疑增加了拍摄的难度和风险。

**独脚架相比三脚架小巧很多，重量也更轻，同样也能给视频拍摄带来更好的稳定性，特别适合短、平、快的“单兵作战”。独脚架的稳定性略逊于三脚架，但在拍摄中有更好的机动性和更多的运镜方案，必要时还可以当作一个迷你摇臂使用（图 4-19）。**

【视频】独脚架应用

印迹眼镜蛇独脚架非常适合这种机动性高的拍摄，120、150、180 这 3 个产品的名称也预示着这 3 个规格产品的工作高度分别为 120cm、150cm 和 180cm。和三脚架一样，A 代表航空铝合金材质，C 代表碳纤维材质。印迹眼镜蛇独脚架 7 款型号分别为 A120、C120、A150、A150S、C150、A180、C180。其中，A150S 为伸缩版（图 4-20）。

▲ 图 4-19

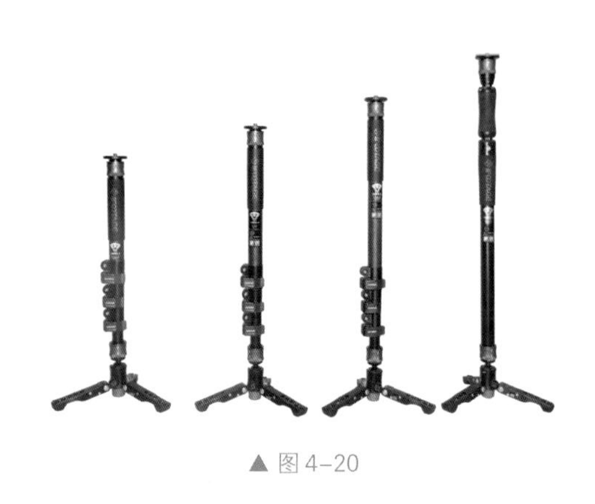

▲ 图 4-20

印迹眼镜蛇独脚架比较适合个人“单兵作战”（图 4-21），在没有任何助手的拍摄中，使用操作快捷的器材非常重要。当然，这不能以稳定性和拍摄多样性作为牺牲。以印迹 C120 为例，伸长后的高度为 120cm，加上科莫多 K5 液压云台和相机的高度，实际的拍摄高度是 135cm 左右，收纳长度是 55cm。使用这款独脚架拍摄很适合在快速移动中找到拍摄机位，拍完之后可以迅速赶往下一个拍摄地点。如果觉得 135cm 的拍摄高度不够，还可以再连接一根 40cm 的碳纤维延长杆 C40，这样就获得了 175cm 的拍摄高度，绝大多数时候这根 40cm 的延长杆是在我背包里待命的。

▲ 图 4-21

在需要拍摄低机位时，我可以在一秒钟之内快速把云台和独脚架分离（图 4-22），将云台和底部的迷你三脚架组成一个紧凑型桌面三脚架。这时的迷你脚架高度仅为 15cm，加上科莫多 K5 液压云台和相机的高度，实际的拍摄高度也在 30cm 以内。

印迹眼镜蛇独脚架之所以能在瞬间完成各部分的拆装，要得益于它特有的快锁机构。这个快锁机构可以在一秒钟之内通过下压的动作解锁，比传统的螺丝旋紧结构效率高得多，通过这个快锁机构可以将独脚架快速拆装成多种形态（图 4-23）。

▲ 图 4–22

▲ 图 4–23

在拍摄视频的过程中，也可以倒置使用独脚架，以低角度跟拍人物的运动，在独脚架的顶端可以安装稳定器，也可以把这个机构当作小摇臂使用。

独脚架适合单人使用，也适合作为团队工作中一个灵活的机位。在城市环境拍摄空镜头，记录人物的生活和运动场景，或者在演唱会和其他表演场地等狭小的空间拍摄场景，都很实用。

## 4.3 稳定器的使用建议

**稳定器（图 4-24）是保持相机稳定和实现平滑运镜的摄影周边器材，稳定器的全称是三轴电子手持稳定器。大多数稳定器在拍摄固定机位的视频时可以抵消摄影师手抖对视频造成的影响，从而拍摄到稳定的画面。**摄影师在行走中或奔跑中可以借助稳定器拍摄流畅的运动视频。稳定器上还有控制 3 个电机运转形式的模式按钮和操控按钮，这些按钮可以控制相机的运动形式。本节以飞宇稳定器为例，讲解稳定器和不同相机之间的组合应用。

【视频】稳定器综述

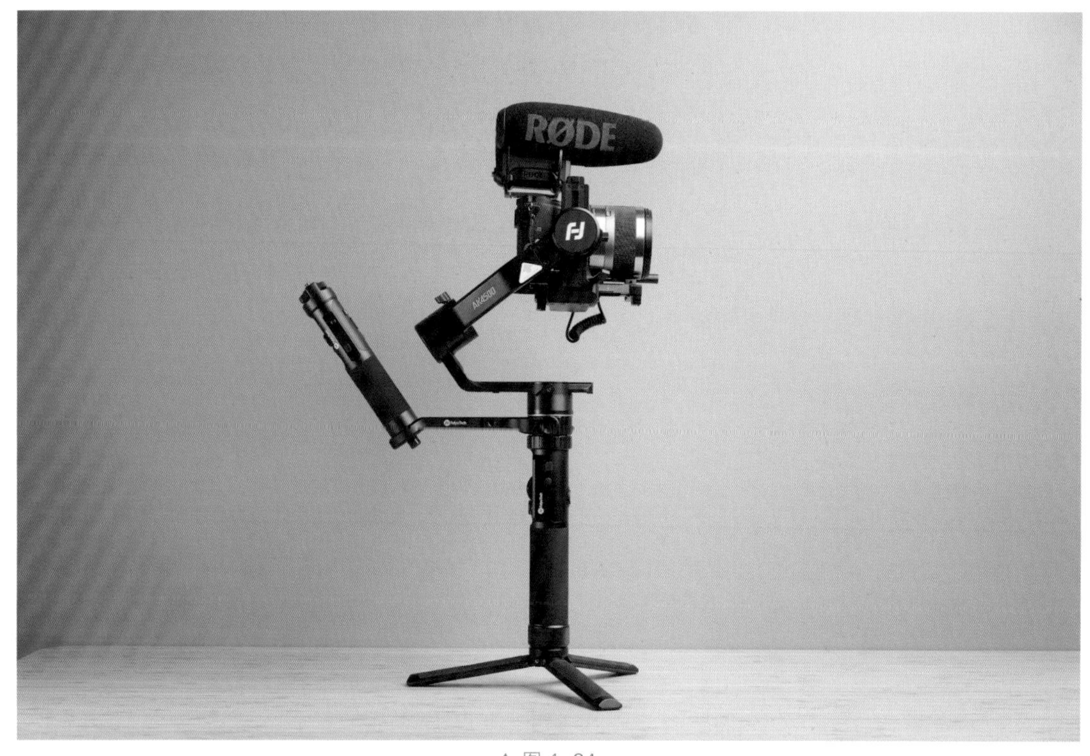


▲ 图 4-24

## 4.3.1 运动相机稳定器

▲ 图 4-25

运动相机造型小巧，机身坚固，加上卓越的三防性能，成为很多 Vlog 短视频初级玩家的首选相机。以 GoPro 为例，GoPro 原本已经有很好的防抖效果了，为什么要和稳定器一起使用呢？**如果仅仅在行走中拍摄，GoPro 本体就能带来优秀的防抖性能，仅用运动相机本体拍摄就可以了。而如果希望带来顺滑的运动拍摄体验和在奔跑等剧烈运动下顺畅地完成拍摄，使用稳定器就很重要了（图 4-25）。**

飞宇 G6 稳定器（图 4-26）是一款专门为 GoPro 等小型相机设计的稳定器，兼容的机型包括 GoPro、其他品牌的运动相机和索尼 RX0II 等小型相机。由于飞宇 G6 稳定器和 GoPro 都具有防水性能，这样的组合可以在小雨等潮湿的环境中拍摄。飞宇 G6 稳定器机身有一个小型 OLED 显示屏（图 4-27），可以在烈日下清晰地显示云台的模式和电池电量。

【视频】运动相机稳定器

▲ 图 4-26

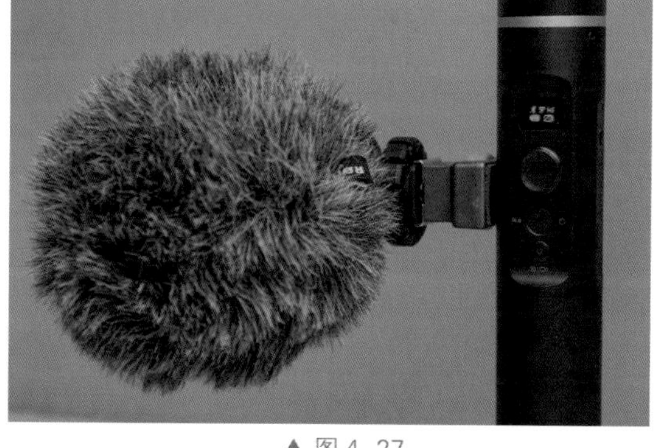

▲ 图 4-27

飞宇 G6 稳定器侧面和底部各有一个 1/4 英寸的接口，这两个接口用来连接手机夹、麦克风和补光灯都很方便（图 4-28）。它的手柄底部的 1/4 英寸接口还可以连接延长杆。俯仰电机旁边的 Micro USB 插口可以为正在拍摄的运动相机充电。

很多创作者喜欢把运动相机佩戴在身上拍摄，当佩戴在头盔顶部或胸前时，如果运动剧烈，即使打开相机内置的防抖功能，拍摄的视频也会出现抖动，使用可穿戴式稳定器飞宇 WG2X 就非常适合这种场景的拍摄。飞宇 WG2X 稳定器的本体非常小巧，安装了运动相机之后也可以放置在头盔顶部、胸前、自行车把手等位置，可以拍摄超越相机内置稳定功能的稳定画面。内置电池和防泼水设计，在机身小巧的同时可以保证有更好的适应性，在雨天和潮湿环境也能完成拍摄。飞宇 WG2X 底部有一个 1/4 英寸的接口，连接延长杆可以作为小摇臂拍摄，也能作为类似 G6 的稳定器用于手持拍摄。

▲ 图 4-28

飞宇 G6 和 WG2X 两款运动相机稳定器的选择，可以根据个人实际的拍摄需求来确定。如果经常手持拍摄，需要全面的手持拍摄体验，拍摄时要和更多的外部设备共同工作，需要更长的拍摄时间，建议选择飞宇 G6。拍摄以佩戴为主，偶尔手持拍摄，飞宇 WG2X 就更加合适。

由于运动相机稳定器可以为相机提供优秀的防抖效果，这种防抖是机械防抖，拍摄中甚至可以关闭运动相机的机内防抖，**大多数运动相机机内防抖都是数码防抖，有的是以牺牲视角换来的，要想拍摄最大视角和最佳画质，可以把防抖工作交给运动相机稳定器来完成。**

## 4.3.2 手机稳定器

手机的影像处理能力和镜头的素质已经越来越好，拍摄视频的质量可以和运动相机比肩，部分性能也接近于卡片机。把手机作为拍摄 Vlog 短视频的主机是一个非常不错的选择，因为大家每天都会带着手机，不会错过任何一个精彩的生活片段（图 4-29）。

▲ 图 4-29

借助稳定器利用手机也可以实现很专业的拍摄，因为有些视频素材仅使用手机是无法完成拍摄的。比如，在行走或奔跑中拍摄视频，在这样的运动场景中，主机自身的抖动是很明显的，特别是在奔跑中拍摄，仅使用手机内置的稳定功能无法拍摄稳定的视频，因为手机的防抖功能大多使用镜头模组上的光学防抖或者数码防抖算法。手机镜头光学防抖应对手持等场景没问题，但在大幅度的运动中很难保持画面稳定，通过防抖算法有可能对画面有裁剪，也可能会使画面有些许拖影或轻微模糊。手机稳定器可以通过三轴电机综合工作，降低抖动对画面的影响，实现平顺的视频拍摄体验。

**使用手机稳定器不仅可以获得更加优秀的防抖效果，在拍摄俯仰和摇镜头的画面时，通过稳定器手柄上的操控按钮可以实现运动均匀、轨迹平直的运镜。在拍摄高大的建筑物、广阔的自然风光等大场景时，能够实现非常专业的运镜，这样的操作仅手持手机拍摄是办不到的。**

旅拍 Vlog 经常需要跟拍，超低机位的人物脚部跟拍是非常棒的视频素材，使用手机稳定器可以轻松地拍到运动中的人物脚部跟拍画面。另外一种跟拍是在正常的拍摄机位跟拍，同时使用延时拍摄技巧，拍摄在旅行中快速移动的视频素材。如果使用手持拍摄这样的视频，基本是不能用的，使用手机稳定器则可以拍摄到流畅的跟拍延时视频。

【视频】手机稳定器

借助手机稳定器和稳定器 App 还能实现很多效果，比如实时美颜、跟踪人脸拍摄等。

根据拍摄者的不同需求，手机稳定器的选择有很多方案。

如果创作者是一个“技术控”，希望稳定器的功能有很多，需要使用很多外部设备和手机一同拍摄，对稳定器的续航和坚固程度有很高要求，飞宇 SPG2 是一个很好的选择。SPG2 稳定器采用全金属机身，拥有状态显示 OLED 窗口，内置可更换电池，拥有魔术环——实现更多操控方案，机身背面的扳机键可以实现丰富的稳定器操控（图 4-30）。

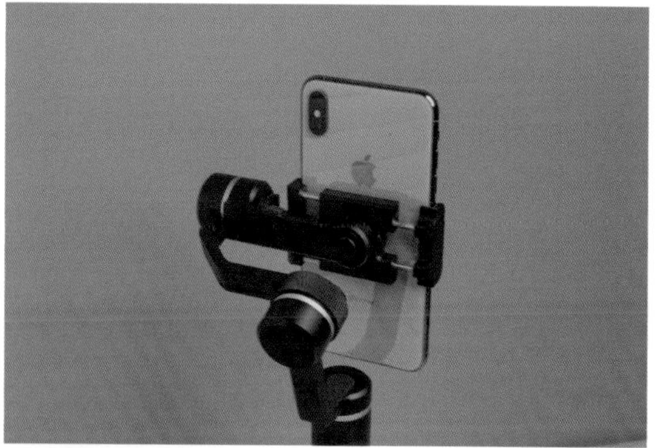

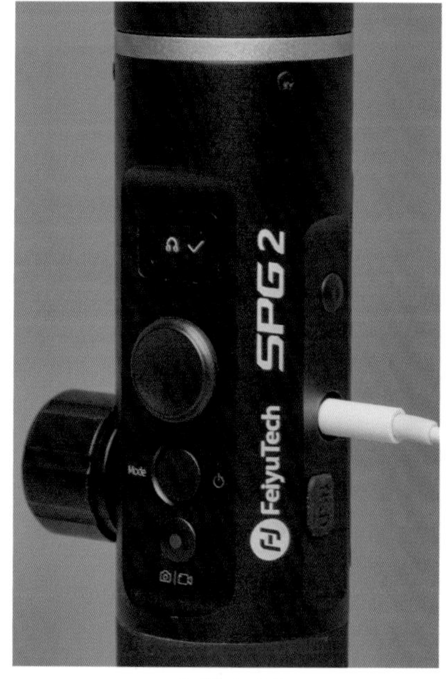


▲ 图 4-30

如果拍摄者在拍摄过程中需要自拍，则希望稳定器更加轻巧，飞宇 Vimble2 是更好的选择之一。手机的前置摄像头在用于自拍时取景范围有限，通常只能容纳人物的头部和部分肩部，飞宇 Vimble2 稳定器在手柄和云台之间有一个 18cm 长的延长杆，在自拍时能实现更宽广的取景，同时还能操控云台的运动。高强度塑料机身和内置电池方案所带来的好处是稳定器的自重更轻（图 4-31 和图 4-32）。

在旅行中拍摄视频带一大堆器材是很麻烦的事，极致小巧和方便收纳是拍摄者对稳定器的要求，飞宇 Vlog Pocket 稳定器特别适合这类拍摄者（图 4-33）。这款稳定器的独特之处是可折叠设计和轻巧紧凑的机身，对于日常需要携带稳定器的用户非常合适。Vlog Pocket 稳定器重新设计了俯仰电机的位置，手机底部的充电口和音频接口并没有被遮挡，这对于在视频拍摄中需要充电和使用麦克风来说是一个好消息（图 4-34）。

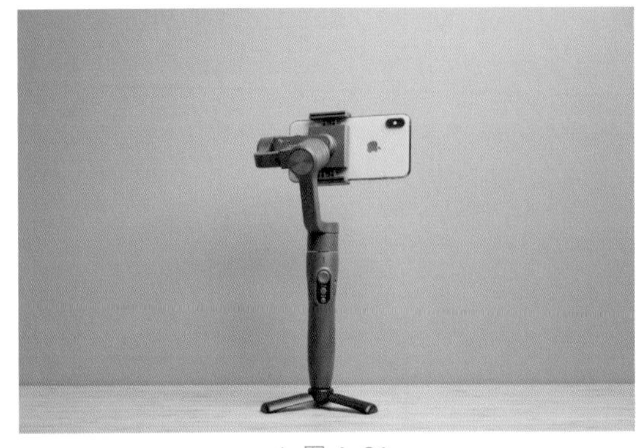

▲ 图 4-31

▲ 图 4-32

▲ 图 4-33

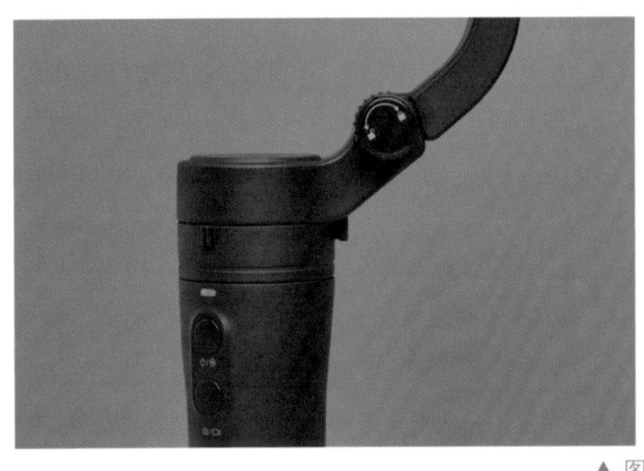

▲ 图 4-34

## 4.3.3 相机稳定器

微单相机和单反相机是很多创作者拍摄时使用的主机，因为微单相机和单反相机拍摄照片和视频的性能与体验都更好，所以更受创作者喜爱。和手机、运动相机相比，微单相机和单反相机的重量都更大，在拍摄时想获得流畅的拍摄体验，必须使用更加专业的稳定器（图 4-35）。

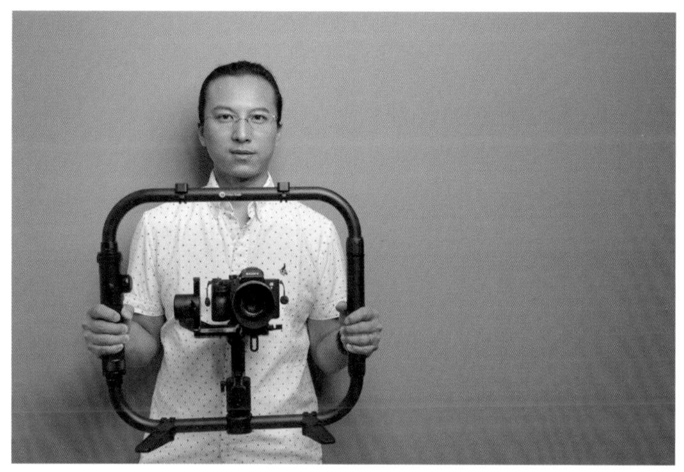

▲ 图 4-35

**很多把相机作为拍摄主机的创作者经常问我如何选择稳定器，我一般会根据创作者机器的重量和拍摄方案给予推荐建议。**

卡片机或者轻便型微单相机用户更适合使用飞宇 G6max 稳定器（图 4-36）。这款稳定器的承重上限是 1200 克，手机、运动相机、卡片机和轻型微单相机用户都可以使用这款稳定器。如果是仅使用手机、运动相机的用户，选择更加轻巧的手机或运动相机稳定器的体验会更好。入门级的松下微单、佳能微单、索尼微单相机用户可以使用这款稳定器，G6max 稳定器机身带有 OLED 显示窗，可以显示稳定器和相机的部分参数，通过稳定器上的按键也能实现对相机部分参数的调整，比如，开始录制、跟焦、变焦、调节白平衡、调节感光度等。飞宇 G6max 稳定器适合轻度旅拍创作者和生活记录者使用，也很适合同时拥有多款轻型拍摄主机混合拍摄的创作者。

【视频】小型相机稳定器

▲ 图 4-36

【视频】中型相机稳定器

以微单和单反相机为拍摄主机的用户，相机和镜头等摄影配件总重量在 2 800 克以内的可以选择飞宇 AK2000 稳定器（图 4-37）。这款稳定器采用斜角设计，拍摄时横滚电机不会遮挡取景屏幕，大型可触摸 OLED 屏幕可以在不使用手机 App 的情况下，对稳定器的绝大多数功能和参数进行调节。大尺寸魔术环能够实现跟焦、变焦和精控三轴电机，机身的两个 1/4 英寸接口方便拓展麦克风和监视器等外接设备。AK2000 稳定器可以在手柄底部增加延长杆以拓展拍摄机位，也可以增加 AKR1 碳纤维双手柄环臂提升握持手感（图 4-38）。

▲ 图 4–37

▲ 图 4–38

【视频】大型相机稳定器

更专业的创作者拥有的拍摄主机和外接设备更重，飞宇 AK4500 稳定器的承重达到 4 600 克，在具备 AK2000 全部功能的同时还具有更大的载重。在此情况下，AK4500 配备了可拆卸提壶手柄，使用提壶手柄拍摄超低机位在跟拍时非常方便，在正常机位拍摄时也能提供双手把持的操作方案

（图 4-39）。

▲ 图 4–39

## 4.3.4 如何调平稳定器

**使用稳定器拍摄视频，在稳定器开机之前必须进行调平。调平是指调整稳定器的 3 个电机所连接横臂的长度，使相机的重心保持在 3 个电机的转动轴心上，在这样的条件下稳定器才能准确、高效地工作。**

要想理解稳定器的几种工作模式，首先要了解稳定器的结构。**稳定器全称为三轴电子手持稳定器，三轴指的是俯仰轴、横滚轴和航向轴。**俯仰电机、横滚电机和航向电机分别控制这 3 个轴的转向。当这 3 个电机轴心的交汇点和相机的重心重合时，稳定器就调平了。

在将稳定器调平之前需要安装好相机的镜头，摘下镜头盖，如果是变焦镜头，需要调整到合适的焦段。开机才能释放镜头的卡片机需要开机并调整到需要的焦段，连接好相机和稳定器之间的各种连线，插上存储卡，尽量不要将相机的翻转屏向上翻起。除开机才能伸缩镜头的卡片机以外的所有相机均保持关机状态。

稳定器调平演示

首先将俯仰电机调平，一只手将相机镜头垂直朝上，然后松开这只手，观察相机镜头的转动方向，拧松俯仰电机的锁紧螺丝，通过调节相机的高低位置，获得平衡后拧紧俯仰轴的螺丝。经过调整，可以使相机镜头朝向正上方时停留，此时完成了俯仰轴垂直方向的重心调整。接下来调整俯仰轴前后的重心。将相机镜头朝前，松开快拆板锁定螺丝，调整前后位置，直至相机保持水平。调整结束后，锁紧快拆板，相机的镜头可以在任意位置停留。此时，即完成了俯仰电机调整。

接下来要做的事是调整横滚轴的平衡。拧松横滚电机锁紧螺丝，调整横滚电机连接的横梁左右的长短。当相机保持左右水平时，拧紧横滚轴锁紧螺丝，相机在横滚轴方向可以在任意位置停留，这时就完成了横滚电机的调整。

当俯仰轴和横滚轴都调整完毕后，开始调整航向轴。当调整航向轴时，需要将稳定器的手柄横向平行于地面，拧松航向电机锁紧螺丝，调整航向电机连接的横梁左右的长短。当这根横梁可以与地面平行时，拧紧航向电机锁紧螺丝，将稳定器手柄垂直于地面放置。当相机的位置可以在 3 个轴的任意位置停留时，就完成了稳定器的调平。

### 4.3.5 稳定器工作模式

视频创作者刚接触稳定器时大多搞不懂稳定器的各种工作模式，只有完全弄明白这些工作模式的原理，才能在适合的场景正确地使用相机拍摄视频（图 4-40）。

▲ 图 4-40

- 航向跟随模式：俯仰和横滚保持方向不变，镜头随着手柄转动的方向转动。
- 航向和俯仰跟随模式：横滚保持方向不变，镜头随着手柄转动的方向转动。
- 横滚跟随模式：航向和俯仰保持方向不变，镜头随着手柄转动的方向转动。
- 全跟随模式：镜头随着手柄转动的方向转动。
- 锁定模式：手柄转动时镜头方向保持不变。

### 4.3.6 稳定器使用误区

借助稳定器可以使用相机拍摄流畅的运动画面（图 4-41），这样的视频更加专业，但是要想用好稳定器，要走出稳定器使用的几大误区。

▲ 图 4-41

**误区一：只要使用稳定器，一定能拍摄到稳定的画面。**

这是使用稳定器的一个误区，**在行走和跑动中使用稳定器拍摄，也需要注意走路和跑步的方式，否则拍摄出来的视频也不够平顺。**由于三轴稳定器在俯仰电机、横滚电机和航向电机 3 个方位的调整范围是有限的，摄影师在行走中身体会在 $Z$ 轴方向上下颠簸，即使把相机安装到稳定器上，行走中拍摄也能感受到这种 $Z$ 轴的上下颠簸。要想拍到稳定的画面，必须要在行走中格外留意，行走时要注意屈腿前行，保持相机重心稳定，这样才能尽可能保证相机的运镜轨迹是平直的一条线，而不是一条波浪线。

**误区二：有了稳定器就可以随意运镜。**

**稳定器可以帮助摄影师更方便地运镜，运镜的过程也更流畅，但这并不意味着在拍摄一段视频时可以随意改变运镜方案。**拍摄视频还是按照单个镜头拍摄比较理想，后期剪辑的时候也更容易整理思路。

**误区三：稳定器不需要太苛求调平效果。**

稳定器是保持相机稳定的摄影附件，在使用中需要满足一些条件，其中之一就是稳定器调平。稳定器的平衡在保持最佳状态时才能更省电，也可以在拍摄中保持最快的响应速度。**如果稳定器在平衡并不精准的状态下运行，不仅更费电，而且有可能导致云台震颤等故障。**

# 4.4 滑轨的使用建议

**利用滑轨可以使相机沿直线（或曲线）在某个范围内运动，在运动时创作者也可以对相机进行俯仰或航向操作。滑轨在风光拍摄、静物拍摄、人物采访、演出拍摄等题材的拍摄中发挥了重要作用。除了可以完成正常速度的视频拍摄，利用滑轨也能拍摄延时视频。** 滑轨分为机械滑轨和电控滑轨两种。机械滑轨通过配重轮、齿轮和皮带等机构，让相机在云台上实现匀速顺滑的运镜；电控滑轨通过电控模块遥控相机的运镜，结合电控云台，可以实现非常精准的拍摄。

## 4.4.1 机械滑轨拍摄方案

Vlog 短视频的拍摄主要以小型机为主，微单相机几乎是创作者的主力机型，印迹小鲨鱼滑轨（Shark Slider mini）就是专为微单相机设计的滑轨。标准版的小鲨鱼滑轨长度为 46cm，可以很方便地装进相机包。如果在移动相机的时候需要更大的范围，可以将多根小鲨鱼滑轨首尾拼接。一般情况下，两根滑轨拼接的长度就够。为了实现滑轨快速拼接，小鲨鱼滑轨并没有采用传统的皮带结构，而是采用了高精度齿轮轨，拼接时只需将两根滑轨对接即可，这大大缩短了滑轨的组装时间。

【视频】滑轨综述

小鲨鱼滑轨的滑块是一个设计精巧的机构，可调角度滑块板设计可以保持水平，也可以设置成倾斜状态，不但可以在水平方向使用，在倾斜环境下同样可以使用（图 4-42）。

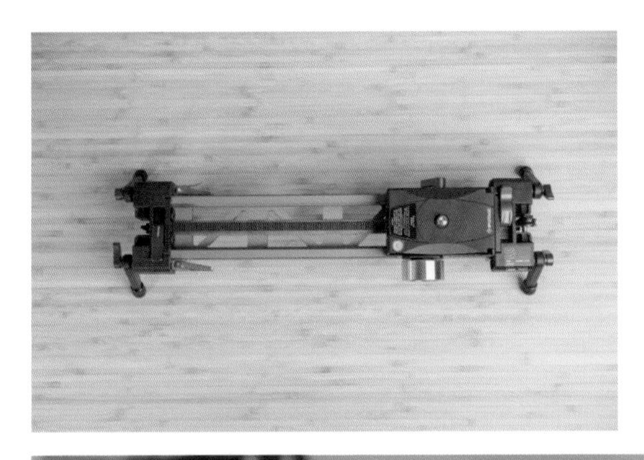

▲ 图 4-42

## 4.4.2 电控滑轨拍摄方案

印迹小鲨鱼滑轨可以从一款机械滑轨快速地切换成电控滑轨。电控滑轨，顾名思义，就是可以通过遥控器控制滑轨的运动状态，小鲨鱼滑轨使用的遥控器就是智能手机。iFootage Moco App 可以实现对滑轨电控盒和电控云台的控制，这些设备之间完全不需要连线。小鲨鱼在升级成电控滑轨之后，通过滑轨电控盒可以拍摄自动轨迹循环的视频，拍摄延时视频和微距作品也更加方便。在滑块上既可以安装液压云台，也可以安装电控云台，滑轨电控盒和电控云台两个装备可以使一款纯手动操作的机械滑轨变身成电控滑轨，轨道方向的运动和相机云台的航向轴与俯仰轴运动完全可以通过手机控制（图 4-43）。

▲ 图 4-43

iFootage Moco（图 4-44）内置关键帧模式、手动模式、聚焦模式和全景模式（图 4-45）。聚焦模式（图 4-46）是我非常喜欢使用的模式，在这个模式下，可以设置相机运动的起始点（$A$ 点）和相机运动的结束点（$B$ 点），并且可以分别设置相机在 $A$、$B$ 两点的云台位置。当滑块开始运动时，云台会驱动相机自动指向对准的物体，完成类似聚焦拍摄的动作。在 $A$、$B$ 两点之间也可以设置往返循环运动，用于人物采访、演出拍摄和微距拍摄，非常方便（图 4-47）。

▲ 图 4-44

▲ 图 4-45

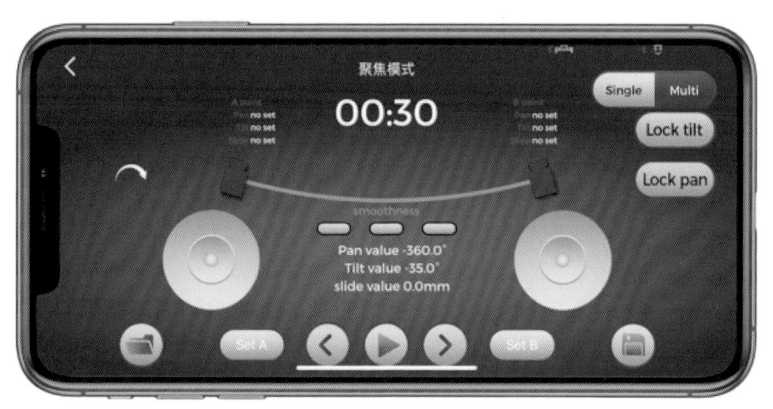


▲ 图 4-46

▲ 图 4-47

# 4.5 手持拍摄的技巧

**为了拍摄更加稳定的画面，创作者可以借助各种周边设备，如三脚架、独脚架、稳定器、滑轨等。除了这些专业的设备，只要掌握正确的姿势，手持拍摄也能拍到尽可能稳定的视频。**比如，以固定机位手持拍摄时，两臂可以夹紧身体，保持相机的稳定。当进行摇镜头操作时，不要只是通过两只手水平移动相机，也可以通过保持两手握持相机不动，以身体为中心慢慢水平移动。在拍摄俯仰运镜的镜头时，可以把相机背带挂在脖子上，两只手握持相机向前伸，一直到绷直相机背带为止，然后在俯仰方向移动相机进行拍摄。在拍摄视频时，除了做俯仰方向的运镜时我会使用相机背带，其他拍摄我都会拆掉相机背带。除了这些技巧，创作者在拍摄时也可以找一个可以依靠的物体，比如墙壁或者树木，来增加稳定性，以使拍摄的视频画面更稳定。

# 第5章 灯光的选择与方案

5.1 灯光概述

5.2 不同类型的灯光简介

5.3 室内拍摄灯光方案

5.4 户外拍摄灯光方案

摄影是用光的艺术，摄像亦如此。

Vlog 短视频拍摄初期对这句话的体会可能并不深，在拍摄一段时间之后才会感受到光线的重要性。**光线不好，不仅照亮不了主体，而且无法得到完美的曝光，无法还原真实的色彩，**只有在优质的光线环境下拍摄过影片，才会明白光线质量也有好坏之分（图 5-1）。

▲ 图 5-1

# 5.1 灯光概述

Vlog 短视频创作初期，绝大多数拍摄场景都处在自然光线或者家居光线下。在对比了专业视频拍摄者的视频之后，你会发现自己拍摄的视频中人物的曝光不足，人物的肤色看着不舒服，视频整体曝光也不足，这都是因为没有对视频进行正确的补光导致的。那么，必须像电视台一样把家里布置成和录影棚一样，在天花板上挂满大大小小的灯，才能拍摄出专业的视频吗？其实无须如此，要想通过灯光为自己的视频加分，首先要了解光线的种类和实现这样的光线需要做的布光工作。

灯光的作用不仅仅是在黑暗中照亮主体，还可以体现主体的质感，描绘主体的形态，实现主体和背景的分离，营造现场气氛。

【视频】灯光综述

【视频】光线效果

根据光线的质地划分，光线可分为软光和硬光。如何区分软光和硬光？软光就是散射光，也可以理解成经过漫反射的光，阴天的光线和投射到天花板再反射下来的光都属于软光。这样的光线照射到人物的脸上不会有深刻的阴影，肤质看上去非常柔和。Vlog 短视频拍摄中给人物脸上正面打的主光绝大多数都是软光（图 5-2 和图 5-3）。

▲ 图 5–2

▲ 图 5–3

什么是硬光？简单来说，从点光源发射出来的没有经过柔化的光线叫作硬光，比如晴朗天气的阳光、家里的射灯发出的光。在硬光的照射下，人物的脸上，特别是鼻子下方和下巴下方会产生边缘清晰的阴影，看上去很不好看。所以硬光给人物做轮廓光线和给产品打光更合适（图 5-4）。

根据色温划分光线有暖光（图 5-5a）、白光（图 5-5b）、冷光（图 5-5c）等。光线的冷暖可以用开尔文（K）来表示。晚上街道昏黄的路灯发出的灯光属于低色温的暖光，色温值在 3 200K 左右；晴朗天气正午的太阳光属于白光，色温为 5 200K ～ 5 500K；高色温的冷光看上去发蓝，这种光线的色温可以达到 9 000K 左右。

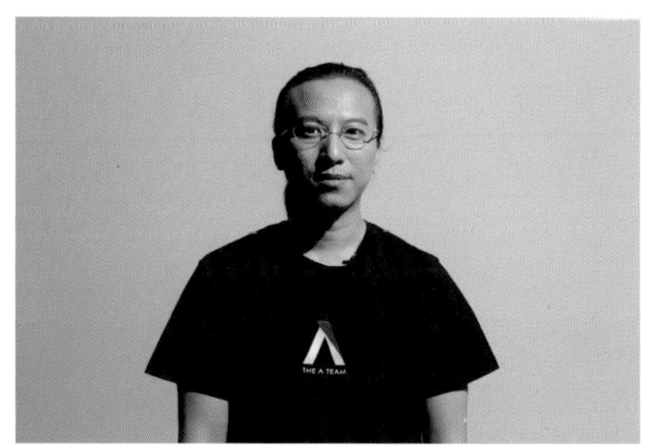

▲ 图 5-4

a

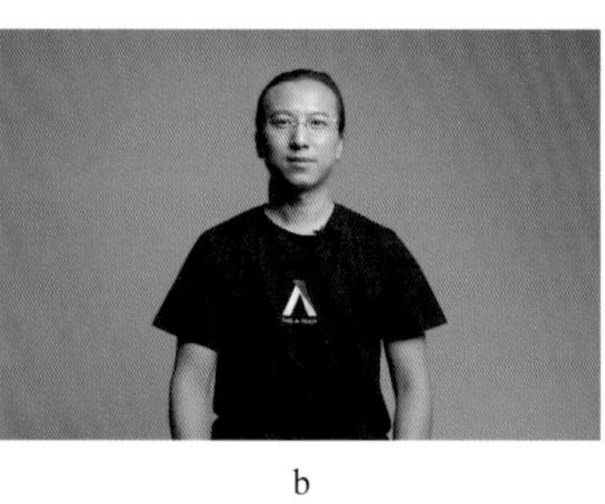
b

c

▲ 图 5-5

光线除了有软硬和冷暖之分，还有色彩的区别，R、G、B 这 3 个字母分别代表红色、绿色、蓝色，我们看到的绝大多数颜色都是由这 3 种颜色以不同比例和强度混合得到的（图 5-6）。

光线还有一个特别重要的参数就是强度，也就是人们常说的亮度。显示器和灯光的亮度有不同的描述方式，表示显示屏亮度的单位是尼特（nit），也被表示为 $cd/m^2$，这个数值指的是在全白色的情况下单位面积的亮度值。描述灯光亮度所使用的光照度，单位是勒克斯（lx），这个参数描述的是发光强度。

光源对一个物体真实色彩的还原能力是灯光的重要指数，也是家居灯光和专业影视灯光最大的区别。家居用灯的光线在照射到一个物体表面上时，这个物体在灯光照射下的颜色和原本的颜色之间会产生差异，并且这个差异通常比较大。影视灯光对色彩的还原度就非常好，色彩偏差小。目前，行业的两个标准是 TLCI 和 CRI。TLCI 是针对摄像机的测量结果，CRI 是针对人眼的测试结果。若一款灯光的显色指数大于 92，就可以用来拍摄视频，若指数为 95 或以上就是非常理想的影视灯了，非常适合产品广告拍摄和人物肤色还原。

这些不同质地、不同冷暖、不同颜色的光线组合在一起，可以实现不同的布光方式，在 Vlog 短视频、微电影、广告甚至在电影的拍摄中都有丰富的应用空间。

▲ 图 5-6

## 5.2 不同类型的灯光简介

镝灯是拍摄电影广泛使用的灯光，但近些年一些电影开始使用 LED 灯，并且电视节目和网络娱乐节目也都使用 LED 灯。对于 Vlog 短视频拍摄，LED 灯是更为理想的补光灯。LED 灯的种类有很多，造型也各异，加上功率的差异，创作者面临着很多选择，即使是个人工作室，在室内棚拍和户外拍摄时使用的灯光也不同。那么，哪款灯光更适合创作者使用呢？先从 LED 灯的分类开始了解吧。本节以爱图仕 LED 灯为例展示各种类型和规格的 LED 灯在拍摄中的应用。

### 5.2.1 LED 平板灯

提到 LED 灯，绝大多数创作者脑海里浮现的一定是 LED 平板灯，这种灯是影视创作广泛使用的灯光，电视台录制节目时主播前方会布满 LED 平板灯。这种平板造型的灯可以裸用，根据使用的功率不同可以选择不同尺寸的产品。**其优点是布光方便，缺点是发光面积固定。如果需要柔和的光线，则需要多布几盏灯或者采用柔光方案。LED 平板灯的使用场景包括影视作品、电视台节目录制、广告拍摄、个人 Vlog 短视频拍摄、户外补光。**

**小型 LED 平板灯**

【视频】LED 平板灯

小型 LED 平板灯造型小巧，很容易安装在相机的热靴接口处，也可以在拍摄现场营造局部氛围。小型 LED 平板灯的小身材有很多适用场景，比如藏在台灯里或者隐藏在物体背面。这类灯非常适合狭小空间的补光，如桌面的微距拍摄和美食拍摄。这类灯因为发光面积小，很少用于棚拍给人物补光。为了对比方便，可以尝试使用各种尺寸的灯光来补光，创作者可以直观地了解不同尺寸的 LED 平板灯的补光效果（图 5-7）。

▲ 图 5-7

爱图仕 AL-M9、AL-MX 是几款常见的小型 LED 平板灯。

AL-M9 是一款小巧轻薄的平板灯，只有信用卡尺寸大小，内置 9 颗贴片式灯珠，1.1cm 厚，可以实现 9 级亮度调节，0.3m 处的照度大于等于 900 lx，1m 处的照度大于等于 80 lx，色温为 5 500K，结合色纸可以实现灯光冷暖和各种色彩的变换，内置锂电池供电。尽管这款平板灯非常小巧，显色指数 TLCI 却达到 95 以上，可以进行专业的拍摄。这款平板灯是极致轻巧的选择，可用于美食摄影、微距摄影，并且在车内和柜子里等狭小的位置隐藏都很方便（图 5-8）。

【视频】迷你 LED 灯在旅拍中的应用

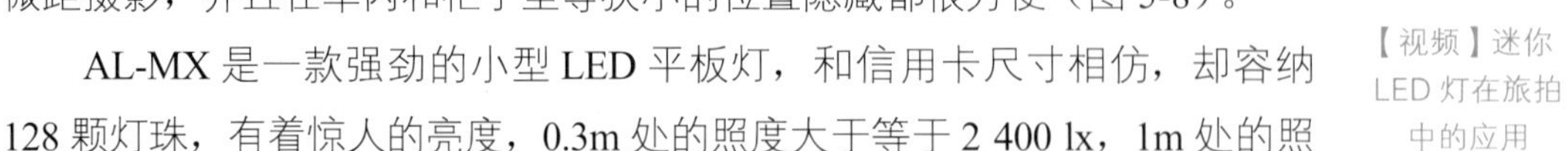

AL-MX 是一款强劲的小型 LED 平板灯，和信用卡尺寸相仿，却容纳 128 颗灯珠，有着惊人的亮度，0.3m 处的照度大于等于 2 400 lx，1m 处的照

度大于等于 200 lx，一键 Boost 增亮可将亮度提升至 3 200 lx（0.3m），可调色温范围在 2 800K ～ 6 500K，内置锂电池供电，显色指数 TLCI 达到 95 以上。这款平板灯是小型旗舰 LED 平板灯，广泛适用于美食摄影、微距摄影、狭小空间的布光，也可以作为户外人物拍摄的主光（图 5-9）。

▲ 图 5–8

▲ 图 5–9

AL-MC 是一款多功能小型彩色 LED 平板灯，和信用卡尺寸相仿，有 36 000 种颜色，0.3m 处的照度大于等于 1 000 lx，可调色温范围为 3 200K ～ 6 500K，拥有多种动态光效，内置锂电池供电，可以无线充电，显色指数 TLCI 达到 95 以上，通过手机 App 能够同时操控 65 536 台 AL-MC 灯。这款平板灯可以很方便地营造环境光效，通过多灯能够实现非常丰富的布光需求（图 5-10）。

#### 中型 LED 平板灯

Vlog 短视频拍摄中使用的中等尺寸的 LED 平板灯有手掌般大小，爱图仕 AL-F7 就是这种规格的 LED 平板灯。与小型 LED 灯相比，中型的平板灯有更强的亮度和更大的发光面积，这样的亮度已经可以满足外拍时对采访人物进行补光，在室内拍摄时可以通过反光板等控光辅助工具对光线进行柔化，实现对人物的补光。

爱图仕 AL-F7 是一款中型 LED 平板灯（图 5-11），尺寸比 iPhone XS Max 略宽，和成年男子手掌大小相仿，内置 256 颗灯珠，0.3m 处的照度大于等于 14 000 lx，1m 处的照度大于等于 1 500 lx，亮度可在 1% ～ 100% 范围内调整，可调色温为 3 200 K ～ 9 500 K，显色指数 TLCI 达到 95 以上，供电支持索尼 NP-F 电池、USB-C 接口和 D-Tap 接口 3 种方式。利用这款平板灯可以在室内搭建一个简易的人物补光方案，在外拍时直接安装在机顶就能实现很好的补光效果。由于 AL-F7 的亮度调整以 1% 为梯度单位，在布光时可以对人物和拍摄物品进行精准化布光，最低仅 1% 的亮度也可以将这款灯作为一个迷你小灯来使用。由于这款平板灯拥有极大的色温跨度，所以在环境光塑造方面也非常不错。

▲ 图 5–10

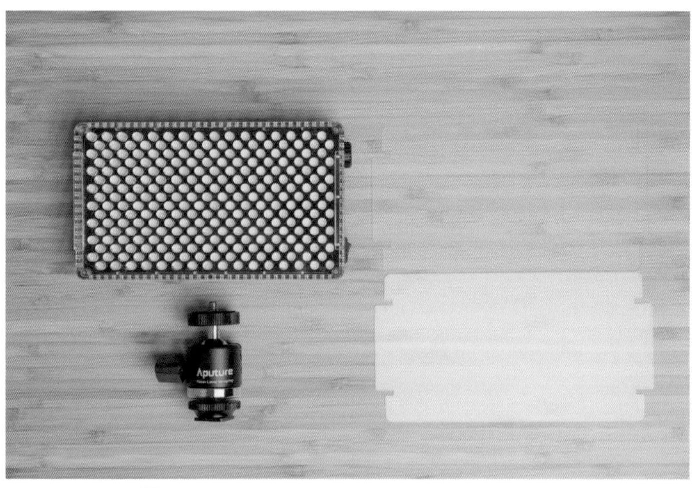


▲ 图 5–11

### 大型 LED 平板灯

大型 LED 平板灯是面向专业用户和准专业用户的，更大的面板能够实现更强的亮度，同时也能营造更柔和的光线。由于单灯拥有更强的亮度，在灯光的使用中可以增加柔光设备，使光线更柔和。多灯使用可以实现工作室级别的布光，应用场合主要以室内和户外的人物补光为主。

爱图仕 Tri-8 是一款大型 LED 平板灯，尺寸和平板电脑大小相仿，多达 888 颗灯珠，能够实现 0.5m 处的照度大于等于 24 000 lx，1m 处的照度大于等于 7 000 lx，采用乱序排列的灯珠在近距离补光时不会在背景中出现规则的网格斑纹。恒定色温版的 Tri-8s 能够实现在 5 500K 的曝光环境输出最高亮度，可调色温版 Tri-8c 的可调色温范围为 3 200K ～ 6 800K，显色指数 TLCI 和 CRI 均大于等于 97。供电方式包括交流电、支持 D-Tap 接口供电、索尼 F/FM/QM 电池供电和 V 口或安东口电池供电，遥控器可以同时遥控多组和多个平板灯的工作。

爱图仕 Tri-8 是一款专业级平板灯，在灯光亮度、光线的品质、灯光功能性和拓展性上，都能实现更加丰富的应用。在广告商品补光、人物采访补光、电影拍摄中都有丰富的应用（图 5-12）。

▲ 图 5–12

### 5.2.2 COB 结构的 LED 灯

COB 结构的 LED 灯在造型和使用场景上有很多不同。**COB 结构的 LED 灯为单点发光，通过结合多种控光附件可以实现丰富的布光。由于是单点发光，直接使用能够获得亮度很高的硬光，结合控光附件能实现电影级的柔光效果。**

【视频】COB LED 灯

【视频】迷你 COB LED 灯

AL-MW 是一款迷你式 COB 结构的 LED 灯（图 5-13），只有手机的长度和手机一半的宽度，目前这种结构的便携灯非常少。这款灯最大的特点是能够 10m 防水，在水下和下雨天等潮湿环境中可以使用。0.5m 处的照度大于等于 4 000 lx，1m 处的照度大于等于 340 lx，亮度有 10 挡可调节，色温为 5 600K，可以通过外接色片改变色温，显色指数 TLCI 和 CRI 均大于等于 95，拥有多种动态光效，内置锂电池供电，也可以使用 USB-C 外接电源供电。这款灯可以在水下等恶劣的环境中补光，这是一般 LED 灯难以实现的布光环境。条形结构的造型也很适合在狭小的空间中补光，自带光效可以在拍摄环境中打造电视机、坏灯泡、狗仔队、烟花、闪电等场景。

▲ 图 5-13

LS mini20 是一款小型 COB 结构的 LED 灯，强大的控光功能和布光便利性是其特色，7 500K 恒定色温版的 LS mini20d 在 0.5m 处的照度大于等于 40 000 lx，1m 处的照度大于等于 6 800 lx，可变色温版的 LS mini20c 可调色温范围为 3 200 K ～ 6 500K，显色指数 TLCI 和 CRI 均大于等于 96。LS mini20 拥有一体化控光方案，灯头自带遮光板，可以调节发光角度，相当于内置了菲涅尔透镜。供电方式包括交流电供电、索尼 NP-F 电池供电和 V 口或安东口电池供电、充电宝供电。这款轻巧的灯可以作为人物采访的主光（图 5-14），也可以使用 3 盏灯营造多变的采访布光方案。

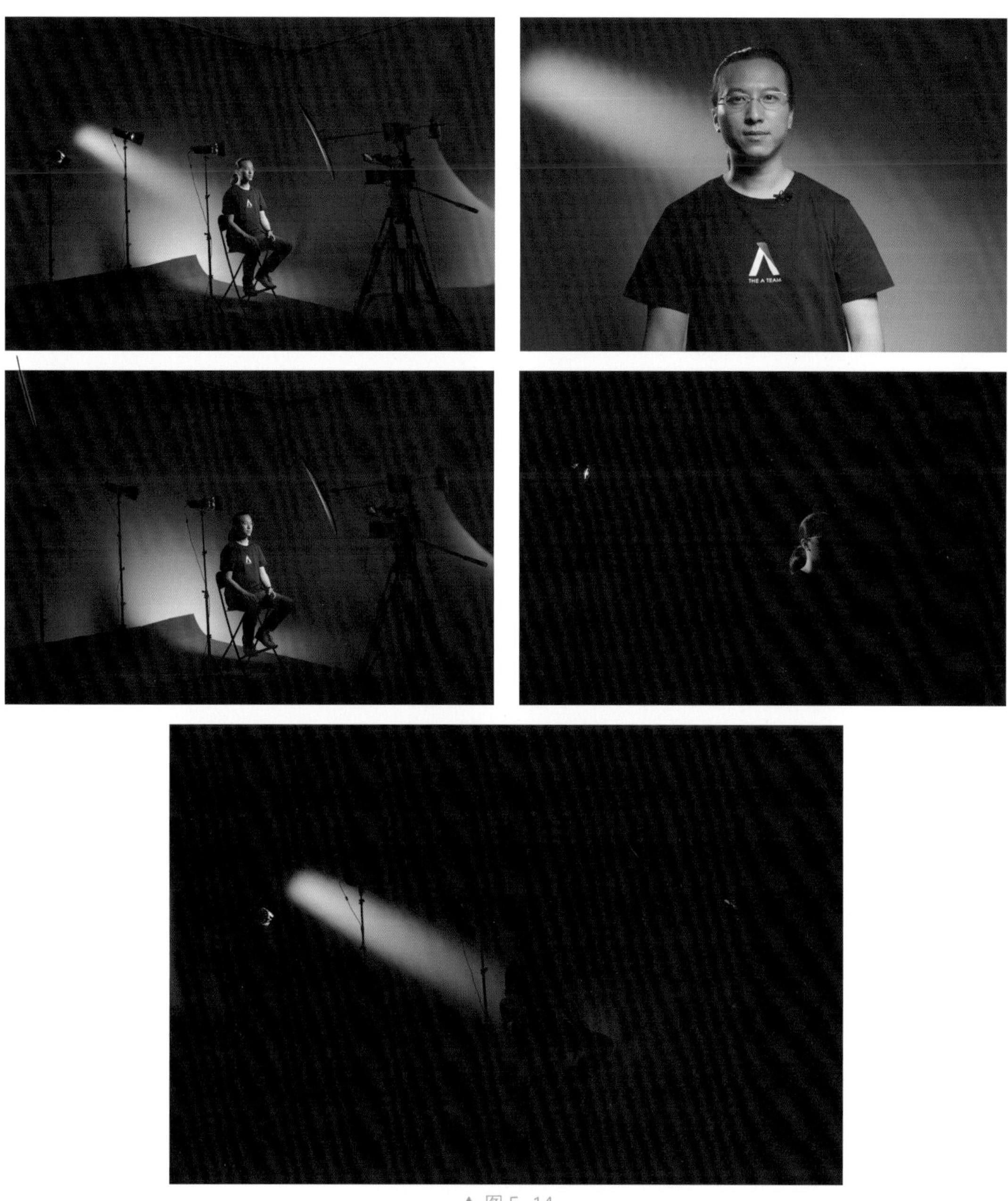

▲ 图 5–14

LS C120D II 是一款中型 COB 结构的 LED 灯（图 5-15），在人物采访和 Vlog 短视频拍摄中应用广泛，在使用保荣接口标准罩时，0.5m 处的照度大于等于 30 000 lx，1m 处的照度大于等于 7 000 lx，恒定色温 5 500K，显色指数 TLCI 和 CRI 均大于等于 97。自带 5 种光效，可也根据需要自定义多种光效。保荣接口设计可以支持非常丰富的控光附件，灯体的散热采用静音风扇，控制盒与电源二合一设计，供电方式包括交流电供电、V 口电池供电，遥控器可以同时遥控多组和多盏灯光的工作。

▲ 图 5-15

LS C120D II 是一款人气极高的 COB 结构的 LED 灯，因为使用简单，布光高效，室内采访或棚拍时创作者可以仅使用一盏 LS C120D II 布光，这就提升了 Vlog 短视频拍摄者在家中自拍时的效率。LS C120D II 结合保荣接口的 LightDome II 抛物线形柔光箱，能够实现非常柔和的光线，亮度和光线质感都非常适合小型工作室和家居布光，通过 LightDome II 抛物线形柔光箱能实现人物的皮肤受光均匀、肤质细腻。LightDome mini II 柔光箱是体积更加小巧的柔光工具，适合更小空间的补光。在广告拍摄和电影拍摄中也可以将 LS C120D II 与 Fresnel 2X 和 Spotlight 束光工具、Lantern 和 Space Light 控光柔光工具结合使用，共同打造拍摄现场的光线（图 5-16）。

▲ 图 5-16

▲ 图 5-16（续）

## 室内拍摄灯光方案

**大多数室内拍摄都需要使用专业的灯光才能完成，这些专业灯光的光线品质和可控性远优于家居灯光。对于室内环境，根据不同的房间、不同的分享内容、不同的预算，使用的布光方案也不一样，创作者可以根据具体情况选择布光方案。**

### 5.3.1 书房

某一兴趣领域的知识分享、产品开箱、生活话题等内容的拍摄可以在工作室进行，也可以在书房、工作间、卧室进行。在这样的环境中录制节目，仅使用现场的环境光或者家居灯光是远远不够的，只有使用专业的影视灯才能完成高质量的拍摄。根据家居环境的拍摄面积和对画面的拍摄需求，简洁和优秀的人物补光是布光的重点。这类拍摄以人物出镜的画面为主要视频素材，后期通过添加一些其他镜头共同组成拍摄成品。

【视频】书房环境布光方案

在这样的环境中，建议使用 COB 结构 LED 灯的灯光作为主光，根据拍摄面积选择使用不同尺寸的柔光箱，有条件的创作者可以通过家用灯光或小型 LED 平板灯为背景氛围增色。

以书房环境为例，主光源是一盏爱图仕 LS C120D II，柔光工具是 LightDome mini II 柔光箱，光源位于人物上方更靠近摄像机的位置。这样的光线既柔和，又能在下巴和脸颊两侧留下阴影，这种布光会显得人物比较瘦，也很自然。LS C120D II 单灯已经可以为人物打主光，并且可以给背景的墙壁打一些光，这样已经完成了基础的布光，就可以开始拍摄了（图 5-17）。

▲ 图 5-17

如果希望对这个环境进行更加精细的布光，还可以通过为人物增加轮廓光，使人物更加立体，也能将人物更好地从背景中分离。为环境的背景增加暖色的氛围灯，可以使画面更丰富。这个场景中的轮廓光是通过身后右侧的 LS mini20 实现的，氛围灯就是一盏普通的台灯，使用白炽灯泡照明（图 5-18）。

▲ 图 5-18

这个环境可以根据房间的大小在人物前方，以及与水平方向呈 45°角的位置放置一盏爱图仕 LS C120D II 作为主光的光源，LightDome II 柔光箱作为柔光工具。更低成本的方案是将中型 LED 平板灯放置在人物前方，以及与水平方向呈 45°角的位置作为主光的光源。

## 5.3.2 餐厅

餐厅和厨房可以作为美食分享类 Vlog 短视频的拍摄场所。在这类环境中拍摄时，可以通过布置多盏灯使画面更立体，在背景中可以使用更多的射灯和小灯作为点缀，营造华丽的画面效果。

【视频】餐厅环境布光方案

以厨房的拍摄为例（图 5-19），主光是由爱图仕 LS C120D II 提供的，柔光工具是 LightDome II 柔光箱，灯光位于人物前方与水平方向呈 45°角的位置，可以通过人物鼻子左侧的阴影判断主光的位置。这盏 LS C120D II 照亮的范围包括人物、桌面和背景。如果人物佩戴眼镜，需要微调灯光的位置和摄像机的位置，把反光降低到最小程度。此时已完成了这个场景的大多数布光，经费紧张的拍摄单用这盏灯就可以完成布光。

▲ 图 5-19

在餐厅拍摄美食节目的亮点很大一部分需要通过灯光来实现，更多的灯光可以增加画面的立体效果和华丽程度。人物的轮廓光和背景的氛围灯也同样重要，对于经费充足的拍摄，可以在单灯的基础上增加这两部分的灯光。本书中的这个案例的轮廓光由画面左上侧墙壁支架上的 LS mini20 实现，通过调整四叶挡光板，可以精确地将轮廓光照射到人物的头发上和肩膀处，画面左上角和右上角都布置了射灯为背景增加氛围，在右侧中间位置还为橱柜的下沿增加了条形 LED 灯，增加下方桌面物品的氛围感。主光结合轮廓光和氛围光，使整个画面变得立体了很多，画面里的内容也显得很丰富，如图 5-20 所示。

▲ 图 5-20

▲ 图 5-20（续）

在餐厅这样的环境中拍摄，可以充分地利用射灯和小型灯光，让画面的效果看上去更加专业。在这个布光现场也可以对餐桌上的食材进行补光，如果拍摄周期比较长，有更多的时间对桌面上的食材进行精细化补光，使用小型 LED 灯是非常好的选择。

### 5.3.3 美妆类拍摄环境

很多美妆博主的拍摄场地是梳妆台、书桌或者沙发旁，这类拍摄场合可以根据拍摄场地的面积、拍摄经费来选择布光方案。书中这个场景中安排了两种布光方案，一种是经费比较充足的，一种是非常廉价的，拍摄者可以根据拍摄空间大小和经费情况自主安排。

【视频】美妆布光方案

美妆博主最关心的问题是自己的脸在画面里漂不漂亮，其实漂亮与否是由几个因素共同决定的。首先，使用显色性高的灯光拍摄到精准的化妆品色号；其次，灯光要使肤质表现得更好；最后，灯光要使人物显瘦。**很多美妆博主在拍摄时使用一个环形灯作为主光，这样做的好处是布光方便，脸部亮度均匀，但缺点是没有阴影的脸会很显胖。最佳方案就是在布光时要考虑营造一些阴影让脸显瘦，再通过主体和背景的光线区别使画面更丰富。**

经费充足的布光方案可以使用一盏 LS C120D II（作为主光），将 LightDome mini II 柔光箱靠近人物脸部，安排在人物前方与水平方向呈 45°角的位置，略高于人物的头部。在桌面上放置一个白色的反光板或者铺一张白色桌布，这样可以对人物下巴的阴影进行补光。背景的书架内和花瓶后方可以根据需求安排一些小型 LED 灯营造环境氛围。这种布光方案可以通过光源的位置调整人物脸部的阴影位置，柔光箱可以实现均匀、细腻的光线质地，白色的反光板可以进一步降低画面中的亮度反差，使脸部实现细腻肤质的同时也更通透显瘦，如图 5-21 所示。

▲ 图 5-21

经费紧张的创作者可以使用一个中型的 LED 平板灯 AL-F7 作为主光源，但不要使用裸灯，而是要利用一个反光板增加发光面积。如果直接使用 AL-F7 作为主光源，人物的脸部就会有深刻的阴影，并且会泛着油光。同时，在桌面上放一个白色反光板或者用白色桌布平衡下巴处的阴影。这种布光方案可以最低成本实现尽可能柔和的肤质和立体的人物脸型。和上一种布光方案相比，人物的肤质还是有一定差异的，脸上的光线柔和程度、高光位置、阴影效果也存在差异，布光的复杂程度也更高，但是布光的费用只有几百元，如图 5-22 所示。

▲ 图 5-22

## 5.4 户外拍摄灯光方案

户外移动拍摄的补光方案需要同时考虑重量和补光效果。光线不足或在夜间拍摄，如果选择手持自拍，补光距离为 1m 以内，建议选择 AL-MX 和 AL-MW 这样小体积、高亮度的便携灯。单手握持的重量可以接受，亮度也够用，对器材重量敏感的用户可以考虑 AL-M9 这样的超轻便携灯。如果有摄影师辅助拍摄或者以固定机位拍摄，可以选择 AL-F7 这样的中型 LED 平板灯，这时补光距离可以达到 1.5 ～ 1.8 m。摄影师手持稳定器跟拍，如果需要补光，可以根据稳定器的尺寸和拓展性选择 AL-MX 或 AL-F7 这样的 LED 平板灯补光。

灯光是 Vlog 短视频拍摄的重要因素，特别是室内拍摄。**刚开始视频创作的新人在没有掌握布光技巧的情况下，可以选择大型窗户作为主光，结合透光的纱帘实现柔光的效果。**这种方案在创作初期能在一定程度上实现廉价布光，但这种方案会受到天气等因素的影响。稳定的拍摄方案是使用合适的灯光，打造最适合的拍摄环境，灯光的种类、功率和数量要根据房间尺寸和经费决定。建议从单灯结合控光附件开始体验光线各种可能的变化，再根据后续需求逐步拓展到理想的布光环境。

# 第6章 Vlog 怎么拍

# 拍摄 Vlog 的准备

**拍摄 Vlog 的准备工作主要包括心理和器材两个层面的工作，心理层面的工作具有决定性作用。**

我参与拍摄的第一段 Vlog 是在 2017 年 3 月拍摄的，当时我的角色是男二号和助理摄影师。Vlog 的内容是我的朋友赵昌龙和我共同完成一项任务：两个人扫码骑摩拜共享单车，看谁能在最短的时间内攒到 100 块钱红包，最后的结果是我们都有收获，但是都没完成 100 块钱的目标。

我们从上午 9 点开始拍摄，一直到下午 3 点，使用的摄影主机有 1 台索尼 A7R2 微单相机、1 台 GoPro HERO5 运动相机、6 台小蚁运动相机，稳定器是 1 台飞宇 MG Lite、1 台飞宇 SPG、1 台飞宇 WG、1 台飞宇 G4，麦克风是 1 支爱图仕 A.lav 领夹式麦克风，还有 1 根罗德 5 m 规格的麦克风挑杆以及若干夹具等配件。我的朋友沉迷于这种多机位的复杂操作，我当时作为小白也认真地学习了这种拍摄方案并且沉迷其中。

由于赵昌龙在电视台工作，对于视频拍摄和视频剪辑极为娴熟，几天后我就看到了视频成品。在当时看来，两个人完成这样的拍摄非常不容易，视频成品也让人眼前一亮。之后我也策划了一期 Vlog 拍摄，内容是我作为摄影师在咖啡厅进行的一次小清新人像拍摄。

鉴于我与朋友拍摄 Vlog 的经历，我策划的这次拍摄更加复杂。我希望在拍摄的同时进行直播，所以参与拍摄的人从两个人变成四个人，增加了负责直播的助理和要拍摄的模特。拍摄内容包括：开车去接模特、在咖啡店拍摄模特、拍摄后聚餐。这次历时 7 小时的拍摄使用的器材也非常复杂，在上一次拍摄器材的基础上又增加了 1 台索尼 A6300、1 部直播用的手机、1 台 Zoom H5 录音机，分别安装在汽车驾驶室的各个部位（图 6-1）。所有的视频素材都采用 log 格式拍摄，同期声用录音机外录。这次拍摄的素材大小达到了 165GB，但我当时并不会剪辑视频和调色，只能等朋友在空余时间剪辑。可是要处理 165GB 大小的多机位视频不是一项小工程，最终这期视频也没有完成剪辑，我的第一次 Vlog 拍摄就这样收尾了。

通过这次拍摄我总结出一个经验：**作为一个新手，Vlog 拍摄流程要简单，并且拍摄内容具有可持续性**。我在半个月后使用非常简单的器材尝试了一次拍摄，总结了一些经验之后，我又策划了几次 Vlog 拍摄，其中包括飞宇 SPG C 稳定器开箱视频（图 6-2）。我对这几次拍摄 Vlog 的经验进行了总结，发现如果我在拍摄之前，根据当时手头的器材和掌握的拍摄、剪辑技巧，对自己能完成的拍摄先进行预估，那么接下来根据这个预估结果进行视频创作就会比较顺利了。在这个过程中，需要掌握拍摄 Vlog 的各项技能，例如，需要学习摄影技术、录音技术、语言表达技巧、用视频讲故事的技巧和视频剪辑技术。为了完成拍摄，可能还需要更多的摄影器材和周边附件。

▲ 图 6-1

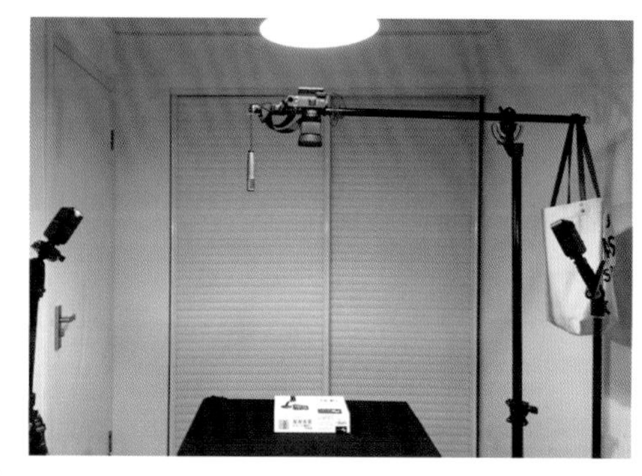

▲ 图 6-2

**通过这段经历，我发现，看到别人的 Vlog 作品我就会产生一种冲动，那就是想要自己拍摄 Vlog，关键问题在于从产生这种内心的冲动，到动手拍摄并发布作品这个过程该如何进行。** 这个过程要完成的其实是一种心理层面的准备工作。在这个过程中，很多人会问自己："我有没有这样的能力拍摄？我有什么内容可以拍摄？我能不能坚持下来？我有没有拍摄器材？"

"我有没有这样的能力拍摄？"这个问题会把很多人挡在拍摄 Vlog 的大门之外——不会拍摄，不会剪辑，也就无法完成 Vlog 的制作。网络上很多画面精美的 Vlog 其实是由专业人士完成的，众所周知的 Vlog 头号人物 Casey Neistat 在拍摄 Vlog 之前在电视台工作，有丰富的拍摄经验和娴熟的剪辑技巧。如果我们把拍摄 Vlog 的目标定为拍摄一段 Casey Neistat 作品级别的 Vlog，还是很有难度的。很多人因为觉得自己肯定做不好，就放弃了拍摄 Vlog。其实，Vlog 的创作是一个循序渐进的过程，在拍摄中随时会发现自己的不足，也可以通过拍摄 Vlog 分享自己的生活。如果不是专业的摄像师或者导演，很难在第一个作品里就呈现出惊人的爆发力。正是作品存在不足，才说明还有学习的空间，而这个探索的过程是充满乐趣的。我在拍摄 Vlog 的过程中认识了很多朋友，他们在拍摄技术和其他方面都给了我很多帮助。

“我有什么内容可以拍摄？”这个问题应该在冲动拍摄了第一段 Vlog 之后提出。虽然我们的生活可能并不丰富，但生活的每一天都是不同的，会遇见不同的人，和他们谈论不一样的事情，吃不一样的东西，读不一样的书，听不一样的音乐，看不一样的电影，对事物有不一样的看法，这些都可以成为 Vlog 的内容。Vlog 是一种表达形式，和照片、文字一样。有人善于用文字表达，有人善于用影像表达，使用自己擅长的表达形式记录生活、表达观点就可以了。

“我能不能坚持下来？”所有的事情都需要提前计划，不能坚持意味着目标不明确，或者缺乏坚持的动力。制订一个长期拍摄计划，把要拍摄的内容以列表的形式记录下来，列表的内容包括拍摄内容、拍摄时间、拍摄地点等。很多人会以点击率作为目标，这种想法可以理解，但并不完全正确。每个人拍摄 Vlog 的目的不同，如果以记录生活、分享生活为主，其实不用在意点击率。如果以分享知识和商业化运营为目的，则又有不同。所以，点击率并不是大家认可 Vlog 的唯一方式。

“我有没有拍摄器材？”本书的前半部分一直在讲器材的选择和使用，可见器材对拍摄 Vlog 的重要性。作为一本教程类图书，为大家讲解每种器材的适用范围、使用方法和能实现的效果，是希望读者拍摄 Vlog 之前对器材有更加全面的了解。对于拍摄方法和剪辑技巧，则是开始拍摄之后的技能提升。有一点需要明确，并不是把所有器材都准备好才能开始拍摄 Vlog。我在刚开始拍摄 Vlog 的时候，没有合适的麦克风、灯光，甚至没有一个合适的拍摄场地。我认为，只要有一部手机，就可以开始 Vlog 的拍摄。现在的手机，在拍摄、录音和剪辑方面基本上可以完成初级 Vlog 拍摄，我的部分 Vlog 也是使用手机拍摄的。

**只要产生了拍摄 Vlog 的想法，动手去拍就好，你的下一部作品永远比这一部要好。**

### 6.1.1 Vlog 拍摄器材搭配

每个创作者的器材都不一样，打算拍摄的内容也各有千秋，拍摄的场景也各不相同，究竟要用什么器材去拍摄 Vlog 呢？器材的配置并没有统一的标准，下面是一些器材搭配建议。

#### 轻度生活 Vlog 拍摄

**轻度生活 Vlog 拍摄需要随时记录生活，视频的质量、声音的质量、灯光的质量、稳定性的要求，都不如 Vlog 内容本身重要。**拍摄主机建议选择手机、运动相机、卡片机、入门级微单相机等，对画质要求高的可以选择入门级微单相机，对画质要求不高的选择手机即可。如果 Vlog 的呈现形式是快剪结合配乐，不需要同期声，就无须担心使用麦克风录音的问题。在拍摄时选择光线充足、背景干净的环境即可，无须选购各类补光灯。稳定性是拍摄 Vlog 的基本要求，选择一个小型的桌面三脚架，而且这个三脚架还可以当作自拍手柄。

#### 中度生活 Vlog 拍摄

**中度生活 Vlog 需要在随时记录生活的同时保证 Vlog 的画质和音质，对 Vlog 的稳定性也有要求。**拍摄主机建议以微单相机为主；具有防抖性能的微单相机可以不使用稳定器，而无防抖功能的微单相机需要搭配稳定器。在绝大多数情况下，可以使用机顶麦克风解决录音问题。在室内拍摄时，需要使用 LED 补光灯，根据拍摄场景的不同，选择使用桌面三脚架或标准尺寸三脚架。

专业生活 Vlog 拍摄

**专业生活 Vlog 需要拍摄高品质的视频和多机位视频。**对于户外拍摄，主机建议选择微单相机和运动相机；对于室内拍摄，主机为同样的选择或两台微单相机。拍摄的视频以 log 格式为主，方便后期调色。在户外拍摄时，由创作者自己完成或与助手一同完成，使用稳定器保持画面稳定。户外环境下的空镜头建议使用滑轨或三脚架拍摄。录音可以使用机顶麦克风和无线领夹式麦克风来完成。在室内拍摄时，需要使用 LED 补光灯，根据拍摄场景的不同，选择使用桌面三脚架或标准尺寸三脚架。

轻度知识分享 Vlog 拍摄

**轻度知识分享 Vlog 以内容为主，对声音质量要求较高。**拍摄主机可以选择手机和卡片机。由于绝大多数视频是以固定机位拍摄的，所以使用桌面三脚架就能实现对相机的支撑和保持画面稳定。录音建议使用有线领夹式麦克风来完成，将其插在手机上直接录制即可。在使用卡片机拍摄时，如果相机没有麦克风接口，也可以使用手机连接有线领夹式麦克风进行录音。尽可能充分利用现场的光线作为视频的主光源。

专业知识分享 Vlog 拍摄

**专业知识分享 Vlog 一般在室内完成拍摄，需要加入展现各种分享内容的视频和照片，这些素材需要二次拍摄。拍摄主机以微单相机为主，要想保持画面稳定，可以使用桌面三脚架或标准尺寸三脚架。**录音以无线领夹式麦克风为主。灯光方案：使用 COB 结构的 LED 灯加柔光箱，或者使用多个 LED 平板灯补光。

轻度旅拍

**轻度旅拍 Vlog 以多元内容的视频素材和照片为主，运动相机、手机、卡片机和入门级微单相机都是很好的拍摄主机，**可以手持的桌面三脚架和柔性八爪鱼三脚架是非常理想的支撑附件。如果 Vlog 的呈现形式是快剪结合配乐，不需要同期声，就无须担心麦克风录音的问题。拍摄 Vlog 的光源是以环境光为主，无须外带补光灯。

专业旅拍

**专业旅拍 Vlog 需要拍摄多视角、多元内容的视频和照片，也要录制高质量的声音。**拍摄主机以运动相机、微单相机和无人机为主。在户外拍摄时，可以使用手持的桌面三脚架结合稳定器，有条件的创作者可以组建两人拍摄团队。录制声音可以结合使用机顶麦克风、无线领夹式麦克风、立体声麦克风和录音机。灯光方案：使用中型 LED 平板灯补光，或使用 COB 结构的 LED 灯加柔光箱。在室内拍摄时，使用桌面三脚架和标准尺寸三脚架作为支撑附件。

### 6.1.2 制定拍摄脚本

要较好地完成拍摄，就需要提前计划。个人 Vlog 拍摄不同于影视作品的拍摄，无须准备标准的影视脚本，但是基本的拍摄流程还是应该以脚本的形式呈现出来。在拍摄之前，需要将脚本打印出来或者保存在手机里，根据脚本进行拍摄就不会因为疏忽而漏掉某些素材。**拍摄 Vlog 的脚本中应该包括拍摄地点、拍摄时间、参与拍摄人员、使用器材、素材类型等内容。**当然，脚本里的内容可以根据个人喜好进行增减（图 6-3）。

▲ 图 6-3

### 6.1.3 Vlog 拍摄时间规划

Vlog 创作者可以根据最近几次的拍摄预估自己的拍摄时间。这一点因人而异，同样的拍摄内容，有的人完成得快，有的人完成得慢，做好时间规划至关重要。拍摄知识分享类或者产品开箱类 Vlog，要预估以下内容：这期 Vlog 是否一次拍摄完成？哪些部分可以提前录制？哪些部分可以在后期录制？旅拍 Vlog 的创作者要规划好拍摄和游玩的时间。如果在旅游目的地逗留超过一天，可以考虑第一天进行旅行自拍和副机位拍摄，第二天拍摄旅游目的地的空镜头、照片和环境音。如果时间紧迫，可以在旅行中拍摄一些主视角和副机位，之后回酒店配旁白。如果时间充裕，可以在拍摄一些主视角和副机位之后，录制在这些环境中游览时边走边说的体验。**拍摄 Vlog 投入的精力和时间要根据每个人的具体情况而定，量力而行。**

## 6.2 Vlog 素材

每一期 Vlog 都会使用不同的素材来展示主题，那么 Vlog 素材究竟有哪些内容呢？用什么形式表达？对于这两个问题，每个人都有不同的理解。本书将从 7 个角度进行具体讲解。了解这些素材的类型之后，创作者就能清楚在本次拍摄中哪些内容是需要拍摄的、需要拍多少，而哪些是本次拍摄还缺少的素材。

### 6.2.1 主机位

**绝大多数创作者只使用一台相机拍摄，这台唯一的相机就是主机位相机。**如果创作者使用两台相机拍摄：主力相机在主机位拍摄，辅助相机在副机位拍摄，那么这两台相机拍摄的内容和取景景别可以有所差别，对**使用两台相机拍摄的素材进行剪辑，制作完成的 Vlog 看起来更吸引人。**

**对于大多数个人创作的 Vlog 作品，使用一台相机完成拍摄是比较高效的方案，**这台相机就是主机位相机。当在主机位拍摄时（图 6-4），主播的介绍需要注意如下问题。

▲ 图 6-4

**语言表达**

很多没有经过语言表达训练的创作者在自拍时很不自然，说话前言不搭后语，废话很多，半天都说不到重点。对于一个新晋 Vlog 创作者来说，这是正常的，只要经过一段时间的练习，就可以明显改善。

练习时需要注意**多说短句子，少说长句子**。新主播在相机前本来就容易紧张，若表述时使用长句子，很难注意到句子前后的逻辑关系和词语搭配，因此很容易说出病句。病句说多了，主播自己也会觉得别扭，听上去也会让人觉得不舒服。在这种情况下，尽可能多用短句子表达，降低语言表达的难度。

**当要表达某个意思时，首先用一句话讲明观点，再分几个方面或层次深入讲解**。这样看视频的人才会认为主播的讲解简洁明了，条理清晰。很多主播在讲述的时候往往想到哪就说到哪，给人一种不知所云的感觉。

**在表述一个观点时，能简洁就不要复杂**。观众在看视频时，如果发现表述啰嗦，内容冗长无聊，很容易因失去兴趣而关掉视频。因此在创作一段 Vlog 时，也不要为了说够 10 分钟而说很多废话，只要将主题表述清楚即可。

锻炼语言表达能力是一个循序渐进的过程。刚开始表述时，句子中有错误或有病句没关系，可以把正确的句子再重复一遍，不要就此中断录制，后期剪辑可以使用跳剪的技巧剪掉错的句子和多余的字。使用跳剪剪辑的视频，画面看上去有些卡顿，但声音和表达的意思是流畅的即可，新手无须纠结于此，只要对语言表达加以练习，表述就会越来越流畅。

**主播表情**

**表情不佳或录制状态不好（如倦怠）是新晋主播普遍存在的问题，原因就是在录制时没有对象感，不够自信。**

**由于拍摄视频需要面对相机镜头，而看着相机说话会让人缺乏交流感，此时应该根据讲述的内容把相机假想成自己的观众。**例如，分享美妆技巧时可以把相机假想成美妆小白，分享美食时可以把相机假想成“吃货”。当主播带着这种假想讲述时，自然就会带有表情，语言表达也会充满激情。

**拍摄视频时不够自信是新晋主播面临的一个问题。**例如，分享某一知识领域的内容，看视频的人认为主播掌握的内容更多或更深入，作为主播，只需要把这些内容自信地表述出来就可以。当然，山外有山，人外有人，在自信的同时不要把话说满。

很多用来拍摄 Vlog 的主机带有翻转屏，无论是上翻转屏还是侧翻转屏，对拍摄来说是非常方便的。当主播自拍的时候，可以看清楚自己在画面里的位置、画面的构图和画面的曝光。虽然这样拍摄很方便，但**在拍摄过程中主播一定不能依赖翻转屏幕，**盯着屏幕里的自己会使拍摄出来的视频让人感觉很奇怪，让观众不知道主播在看哪里，观众感受不到和主播目光相对的那种交流感，自然也不会被视频的内容吸引。

**画面稳定性**

在户外自拍时，很多人经常会手持相机自拍，并且边走边说，这几乎是 Vlogger 的标志。在不使用稳定器或者使用不带防抖功能的相机拍摄时，画面会产生明显的抖动。虽然在相机屏幕上预览可能这种抖动并不明显，但在手机、平板电脑甚至是计算机等大屏幕上看就会让人产生眩晕感。**如果不能解决运动中手持相机拍摄的抖动问题，最好拍摄固定机位的视频**（图 6-5），**虽然这样拍摄场景缺乏变化，但至少视频的画面是合格的。**

▲ 图 6-5

很多人喜欢一些 Vlog 拍摄高手的作品，这些 Vlog 经过剪辑，呈现出的是让人眼花缭乱、应接不暇的酷炫画面，**这种酷炫的效果都是用稳定的常规视频剪辑而成的，并不是在**

**拍摄时乱晃相机获得的画面。**在还没有掌握这种技巧时，大家最好稳扎稳打，从拍摄画面稳定的传统视频开始，对常规视频的拍摄游刃有余之后再逐级增加难度。

语音清晰

**视频里的语音不清晰很容易让人出戏，这种专注度的损失会使观众很快关掉视频。语音不清晰的原因主要有：主播主持时音量太小；录音质量太差；背景音乐音量太大。**

**除了某些场合的拍摄不允许大声说话，在绝大多数拍摄环境中，主播都应该以正常音量讲话，这样相机才能录到饱满的声音。如果拍摄时主播声音很小，即使在后期剪辑时提高音量，背景环境的噪声也会被同时提高，这会让视频的音质非常差。**

**导致一段视频声音音质差的原因包括：麦克风质量太差、麦克风使用不当、麦克风种类选错和相机录音性能太差等。**

在录音章节已经讲过在不同的环境应该使用何种麦克风，以及不同麦克风的最佳录音距离，所以正确地使用优质的麦克风基本上都能录制到不错的声音。

如果麦克风质量不错，使用方法也得当，但是录制到的声音依然不够好，那就需要考量一下相机的音频处理芯片。**很多相机的音频芯片质量不高，所以插上麦克风以后录制的声音噪声很大。如果麦克风内置音量增益功能，建议提高麦克风录音音量，因为绝大多数麦克风的音频芯片的品质都好于相机的音频芯片。在麦克风上提高录音音量，降低相机机身录音音量，就能提升录制的音频质量。**

如果希望进一步提升录音品质，可以使用录音机录制声音，后期再将声音和画面进行合成。

主机位视频拍摄要求

**主机位的视频内容为主播正面的画面，要求画面稳定、声音清晰、曝光正常。主播在表达上应该做到语言流畅、言简意赅、思路清晰，拍摄状态应该是积极热情的，这样拍摄出来的主机位视频内容才是合格的。**

### 6.2.2 副机位

在一段 Vlog 中，如果整段视频内容都是以主机位拍摄的，大多会让观众觉得乏味。如果增加另外一个机位，拍摄不同的角度和景别（图 6-6），将这两个机位的画面剪辑到一起穿插播出，会使视频变得更加生动。在主机位的基础上增加的机位就是副机位，副机位可以从另一个角度拍摄主播，构图可以和主机位的互补。如果主机位拍摄的是半身像，那么副机位就可以安排成拍摄全身或大半身，有时甚至可以是介绍整个环境的全景视频。当在户外拍摄不同机位的视频时，副机位可以是固定机位，也可以是移动机位。

▲ 图 6–6

当使用两台相机拍摄时，会给后期剪辑带来新的问题：画面颜色和声音可能不同。在同一个环境中使用两台不同品牌的相机拍摄，即便使用了同样的白平衡设置，也有可能拍摄出颜色完全不同的画面。这种色彩上的差异甚至会发生在相同品牌不同型号的相机上。**要想统一两台相机的颜色，需要在拍摄前分别使用两台相机拍摄标准色卡，比如，使用行业标准的德塔公司（Datacolor）SpyderCHECKR 24 色或 48 色标准色卡进行校色，后期在 DaVinci Resolve Studio 软件中进行匹配，使两台相机拍摄的画面颜色统一（图 6-7）。**

▲ 图 6–7

▲ 图 6-7（续）

**同时使用两台相机拍摄还会遇到声音不同的问题，解决方案是使用其中一台相机录制的声音或者使用录音机单独录音，然后在后期使用录音机里的高品质声音。**

## 6.2.3 空镜头

【视频】空镜头

介绍空镜头之前，先介绍一个单词“Roll”。在正式开拍一个镜头之前，负责录音和摄像的工作人员通过喊话确认机器状态，如“Roll Sound”“Roll Camera”。**这里所说的“Roll”是指开机或者运行。**当所有素材拍摄完交给后期剪辑人员时，会把所有素材进行分类。描述剧情发展过程的叫作 Footage，也就是剧情的主线；描述细节和场景的视频称为“B Roll”，这类镜头也被称为辅助镜头。空镜头是辅助镜头的一种，多为场景描绘、特写等。在 Vlog 成品里，空镜头既可以是以正常速度播放的视频，也可以是加快速度的延时视频，或者是慢动作的升格视频。

**如果一段 Vlog 只有主线，没有环境介绍和细节展现，看上去就会很死板，配合空镜头等辅助镜头才会让 Vlog 更加生动。**

拍摄视频素材时，由于机位有限，通常只有 1 ～ 2 个机位，摄影师也只有 1 ～ 2 个人。如果是单人单机位的拍摄，主线和辅助镜头就无法同时完成，只能先拍摄主线，再拍摄辅助镜头。如果是两人两个机位的拍摄，可以使用两个机位同时拍摄主线，通过切换两个机位镜头得到丰富的有差异的景别，拍摄完主线再拍摄辅助镜头。另外一种安排是设置两个机位，其中一个机位拍摄主线，另一个机位同时拍摄辅助镜头，两种视频素材同时拍摄完成。

## 6.2.4 延时视频

**延时视频就是将用很长时间拍摄的影像在很短的时间内播放出来。延时视频展现的形式是加快视频播放速度，也可以理解为在拍摄时降低视频每秒播放的帧率，回放时按照正常帧率播放。延时视频通常用来描绘人物在城市中穿梭的画面、自然景观、星空、交通工**

**具窗外景观、某项活动现场的进度等。**延时视频的拍摄时间从几分钟到几天不等，最终的成品可能只有几秒或几十秒，因此对拍摄的时间间隔和所拍景观的变化需要有所判断。比如，拍摄一段城市中车水马龙的视频大概需要几分钟，拍摄星空素材需要几小时，拍摄活动进程或者建筑搭建可能需要更久，每隔多久拍摄一张静态的照片素材是由拍摄总时长和成品时长决定的。

**拍摄延时视频需要有稳定的拍摄机位，此时需要借助三脚架、滑轨和稳定器，更长时间的拍摄还要考虑相机的电力供应和滑轨的电力供应等问题。**在拍摄过程中，如果环境光线的变化很大，还需要考虑相机的曝光控制问题。

【视频】延时视频

现在很多手机和运动相机内置延时摄影功能，有的甚至不用设置延时摄影间隔拍摄时间，这也大大降低了初级玩家拍摄延时视频的难度。

### 6.2.5 升格视频

**和拍摄延时视频相反，在拍摄时提升视频帧率，回放时使用正常帧率，使视频看上去感觉速度变慢了，这就是升格视频。这种手法适合拍摄运动中的人物、水流、车流等动态的内容，通过升格手法拍摄的视频能够展现人物和景物的细节，通常作为辅助镜头。**

目前，主流的手机、运动相机和微单相机都支持拍摄升格视频，在 1080p 分辨率下，基本都能实现 100fps 或 120fps 升格视频的拍摄，部分机型还支持 240fps 升格视频的拍摄，少数机型能实现 1000fps 超高帧率视频的拍摄。需要注意的是，影像处理器的处理性能有限，当使用更高的帧率甚至是超高帧率拍摄时，画质有所压缩。当使用 1000fps 的超高帧率拍摄视频时，需要保持充足的曝光，这对环境照明有很高的要求，最好在阳光充足的户外或不闪烁的直流供电光源下拍摄。

【视频】升格视频

**升格视频对稳定性要求并不高，只要相对稳定就可以了。有的升格视频即使手持拍摄，在回放时也能获得稳定的画面。**

### 6.2.6 特写镜头

**特写镜头展现的是人物、某一景物或物体的局部细节：可以细致地描绘人物表情，从而表现出人物的内心世界和性格；也可以对景观或物体的细节进行放大，描绘物体的质感。**

人物特写在 Vlog 中可以作为辅助镜头使用，能够表现旅拍和美食博主的表情，以及其丰富的内心世界。使用长焦镜头结合升格视频的拍摄手法也可以拍摄路人。人物特写镜头在 Vlog 中要谨慎使用，作为少量点缀型的素材即可。

特写镜头在产品开箱视频中应用广泛，长焦镜头和微距镜头都是优秀的拍摄器材。产品特写镜头对画面的稳定性和画面变化都有要求，单纯的固定机位特写镜头和照片没有区别，在拍摄产品特写时，可以结合云台和滑轨的运镜实现运动的画面，也可以在固定机位做推拉运镜操作，丰富视角变化。如果没有以上器材，可以在拍摄固定机位的特写镜头时，在产品下方放置转盘，使商品旋转起来，或者手持小型灯具，按照某一轨迹运动，用高光“勾勒”产品的外观造型和产品质感。

### 6.2.7 拍摄花絮+NG 镜头

在拍摄 Vlog 正片所需的素材时，可以拍摄一些花絮，这些花絮的内容可以是拍摄的准备工作和创作者的工作纪实等。花絮可以以辅助镜头的形式出现在正片中。Vlog 不同于严谨的影视剧，穿帮镜头和 NG 镜头也可以出现在正片中或者正片结束的位置，为视频增加趣味性。

很多 Vlog 摄影比赛也需要提供拍摄花絮。比如，全球最大的 Vlog 摄影大赛“我的罗德影片”就需要同时提供一个 3 分钟以内的正片和一个 3 分钟以内的拍摄花絮。所以，在拍摄流程中，可以增加一个介绍环节，在拍正片之前介绍本次拍摄的内容，包括对拍摄环境和拍摄器材的介绍。正片拍摄结束后，可以再用几分钟时间回顾一下本次拍摄的体会。如果在拍摄正片时还有其他摄影师在拍摄，摄影师也可以用手机或多余的相机拍摄一些花絮。

## 6.3 如何运镜

明确了使用的拍摄器材和周边附件，并且确定了拍摄内容，接下来就是确定如何拍摄了。首先从镜头语言说起。什么是镜头语言？**语言可以理解为描述一件事情的工具，这种工具可以是文字、声音、图片、视频等，镜头语言就是指使用摄影机的镜头拍摄出来的讲故事之人的内心独白。**

那么，如何利用镜头语言呢？**每段 Vlog 都是由很多视频素材组成的，每段视频素材又分别使用了不同的镜头语言，而这些镜头语言是利用一些很简单的拍摄方式（运镜手段）完成的，“推、拉、摇、移、跟”就是 5 种常用的运镜手段。**

不同内容的 Vlog，使用的运镜方式不同。比如，访谈类 Vlog 以固定机位为主，使用的运镜方式很少，知识分享类的 Vlog 亦如此，旅拍或生活类 Vlog 中使用的运镜方式更多一些。

### 6.3.1 推

**“推”镜头是摄像机向被摄主体方向推进的运镜方式，利用变焦镜头使焦距由小到大**

**也能实现“推”镜头。这种从构图中心逐渐放大的画面，给人一种由远及近靠近主播或景观的感受。用这种方式拍摄的运动画面称为“推”镜头。**

【视频】
“推”镜头

“推”镜头能够在拍摄环境中明确主体，精确地展现主播的表情，凸显所拍产品的细节。在拍摄此类镜头时需要注意，在“推”镜头之前要拍摄几秒静止的画面作为起幅，在“推”镜头结束时，需要再多录几秒落幅画面，镜头推进的速度要根据拍摄内容而定。

## 6.3.2 拉

**“拉”镜头是指摄像机逐渐远离被摄主体的运镜方式，使用变焦镜头使焦距由大到小也能实现“拉”镜头的效果。这种使构图场景逐渐变得宽阔的方法可以展现主体所在的环境，用这种方式拍摄的运动画面称为“拉”镜头。**

【视频】
“拉”镜头

“拉”镜头和“推”镜头相似，运镜时要在开始和结束时保留静态的起幅和落幅。由于画面是从局部扩大至整个环境的，往往用在视频结束的位置，或者呈现结论性的内容时。

## 6.3.3 摇

**“摇”镜头是指摄像机位于固定机位，以三脚架云台位置为圆心，使镜头按照拍摄方向匀速运动的运镜方式。**

【视频】
“摇”镜头

“摇”镜头类似于人物的转头动作，可以在不改变焦距的前提下拓展拍摄视野，常用于展现宽广的环境和高大的建筑物。“摇”镜头可以在垂直方向从下往上或从上往下拍，也可以在水平方向从左向右或从右向左拍。“摇”镜头可以在较小的景别中容纳更多的信息，也是重要的视频转场手段。“摇”镜头环节不要同时出现垂直“摇”镜头和水平“摇”镜头。

## 6.3.4 移

**“移”镜头是指将摄像机架在运动的物体上，随着物体的运动来拍摄的运镜方式。常见的做法是把相机架设到滑轨上进行拍摄，或者在运动的交通工具内部拍摄。**

【视频】
“移”镜头

“移”镜头在拍摄自然风光等宽广的场景时，能给人带来很好的视觉感受，在拍摄演出现场和人物访谈场景时也能带来视觉拓展，带动人们观看视频的情绪。

## 6.3.5 跟

**跟拍是指摄像机跟随运动中的主体一起运动，并在运动中跟随拍摄的手法。电视节目**

**真人秀中常用这种运镜方式，旅拍 Vlog 主播手持相机边走边自拍的形式，以及摄影师跟随被摄主体拍摄的方式都属于跟拍。**

跟拍时需要注意主体在画面中的位置和大小需要始终保持一致，这对于移动中的拍摄有一定难度。在拍摄过程中时，摄影师使用稳定器可以保持拍摄的稳定性。由于在移动中主播所处的环境光也在不断变化，实时保持追焦和控制曝光准确也是跟拍的难点。主播在自拍时，可以使用带有防抖功能的相机，在一组镜头中拿着相机的手臂要和上半身保持相对稳定，这样拍摄的视频素材方便后期剪辑。

【视频】跟拍镜头

## 6.4 运镜拍摄注意事项

**运镜可以给视频带来变化的视角和景别，稳定的画面可以带来平稳的观赏体验，对于初学者来说，先学会熟练掌握固定机位的拍摄是一件很重要的事。**使用固定的机位拍摄的视频可以将故事展现得更精彩，而使用运动的镜头拍摄的画面则可以为视频加分。合理地搭配固定机位的镜头和运动的镜头，能够给观者带来优秀的观影体验，一味地追求酷炫的移动镜头，拍出来的视频很难让人安心看完。

**在一个镜头中，最好使用单一的运镜方式，不要同时使用几种运镜方式。**同时使用多种运镜方式拍摄的视频素材会让观看者产生困扰，感觉视频不知所云。绝大多数视频和影视作品，每个镜头都使用单一的运镜形式，如果在“摇”镜头的同时“推”镜头，或者在“移”镜头的时候“拉”镜头，都是不太合适的做法，这样拍摄大多数效果都不好。

**新手在拍摄时不知道如何结束一个镜头，就索性一镜到底，这是很不好的做法。**对于这样的视频素材，后期剪辑时会让人感觉无从下手。拍摄者在拍摄一镜到底的镜头时不会过多地考虑如何运镜，即使从这样的视频素材里剪辑出需要的段落，拼凑在一起也会显得很零散。

**一段视频最重要的是内容，拍摄手法只是辅助手段。**视频好不好看和创作者是否会讲故事有关，形式大过内容的视频，只能一时吸引眼球，并不能实现视频创作的真正目的。

## 6.5 不同场景 Vlog 拍摄案例

每一种主题的 Vlog 使用的拍摄器材不同，受众不同，主播讲述的方式也不同，创作者可以根据自身的情况拍摄。很多人都看过 Casey Neistat 的 Vlog，很喜欢他风趣的个性、夸张的表情和富有创意的视频风格。但每个人拍摄 Vlog 并不需要刻意模仿他，因为做自己永远比演别人更轻松。如果拍摄 Vlog 让你感觉很累，那就离停下不远了。

**拍摄 Vlog 建议用好手头的器材，讲好自己的故事，不要羡慕别人的器材和点击率。**拍摄 Vlog 有很多乐趣，比如，在拍摄和分享中可以结交很多朋友，还会发现自己在拍摄和剪辑上的不足，并且要努力学习这些知识，等拍摄一段时间再回头看，那些可能从指尖溜走的瞬间已经被自己以 Vlog 的形式记录下来了。有人通过你的 Vlog 学到了新的知识，有人通过你的 Vlog 在旅行途中少走了很多弯路，这些收获比浪费时间羡慕“人有我无”更有意义。

### 6.5.1 旅拍 Vlog

**旅拍 Vlog 是和更多的人分享自己的旅行经历、旅行心得，给更多的观看者旅行建议。**如果是结伴出游的情侣或搭档，可以互相拍摄，拍摄的内容可以各有侧重。

**旅拍器材以轻型设备为主，微单相机、手机、卡片机和运动相机都是适合的器材。运动相机和微单相机适合较为专业的创作者，运动相机和卡片机适合中等水平的创作者，手机适合初级创作者。**运动相机可以佩戴在身上用于拍摄第一视角，或者手持自拍，或者在特殊环境下使用（水中、安装在车外等危险的地方）。

镜头的焦段和光圈要根据旅游目的地的情况而定。在旅行中，从广角镜头到长焦镜头都有可能用到，所以要做出取舍。不管是在城市中旅行，还是在户外游览风景，广角镜头都是必备的，如果只带一支镜头，可以选择广角变焦镜头，所以 16 ～ 35mm 和 24 ～ 105mm 两个焦段都是非常适合的。是否带长焦镜头与体力和拍摄内容有关，使用长焦镜头可以拍摄远景的特写，结合升格镜头可以拍摄非常赞的 B Roll。但长焦镜头往往比较大，如果有长焦拍摄需求，可以选择索尼 RX100M7 之类的卡片机，在轻便的基础上还能提供 24 ～ 200mm 的焦段，也可以选择相对紧凑的长焦镜头（70 ～ 300mm），还可以选择紧凑型镜头（18 ～ 200mm 或 18 ～ 400mm）。在旅拍 Vlog 的过程中，更多焦段的变化可以带来不同景别的视频素材，对于拍摄那些到达不了和容纳不下的景观很有意义，有的时候拍到比拍好更重要。

旅拍 Vlog 的素材，声音也至关重要。想要提升旅拍 Vlog 的质量，首先要关注声音的品质，因为通过声音可以把观众的心带到远方。旅拍中常见的录音方式包括：使用机顶麦克风录音和无线领夹式麦克风录音，比如，罗德 VideoMicro、罗德 VideoMic Pro+、罗德 Wireless Go（图 6-8）、罗德 Link Filmmaker kit，录制高品质的环境音可以使用罗德 Stereo VideoMic X（图 6-9 所示）。

旅拍应该使用什么样的稳定装备？其实这是一个需要权衡的问题。手持桌面三脚架是必备的，是否携带一个标准尺寸的三脚架要根据背负重量而定。如果只在自拍和行走中记录自己的体会，使用运动相机、手机或者手持带有防抖功能的微单相机就足够了；如果希望拍摄更高画质和特殊运镜的视频，就需要携带一个稳定器。

▲ 图 6-8

如何保存旅拍素材？这个问题要根据旅拍素材的多少和旅行时间的长短来决定。如果只是 3 ～ 5 大的旅行，并且旅行中也只是轻度拍摄，那么多带几张存储卡就可以满足存储素材的需求。如果旅行时间超过一周或者重度拍摄，就需要携带移动硬盘来保存素材。旅行环境并不如家居环境舒适，难免会遇到器材的磕磕碰碰或跌落的问题，莱斯（LaCie）硬盘的 Rugged 和 DJI Copilot 都是很不错的选择（图 6-10）。LaCie Rugged 系列移动硬盘有众多规格，并且具有抗摔、防泼水、抗压等特性，还有高速存储和数据恢复等服务，所以特别适合在户外环境中使用。DJI Copilot 移动硬盘是极致轻巧的旅拍之选，这款移动硬盘在拥有 LaCie Rugged 系列全部特性的基础上，还内置一个 SD 卡槽，可以在不用连接计算机的情况下直接备份数据。这些视频素材还可以用手机等智能设备直接访问和剪辑。

▲ 图 6-9

▲ 图 6-10

准备好器材以后，就可以规划旅拍要拍摄的素材了。旅行时肯定会乘坐交通工具，用相机拍摄乘坐交通工具的视频在后期剪辑中是很有用的，可以作为 B Roll 素材或空镜头。在搭乘飞机时，可以拍摄排队等候登机的场景（图 6-11）、在飞机上进餐的情景、机舱内的环境、窗外的景色。

▲ 图 6–11

出发地与目的地之间的通勤过程也是必须拍摄的素材。主播可以在拍摄过程中交代一下天气情况和通勤时的体验，也可以描述一下沿途的风光。机位可以选择车内，交代主播所处环境（主播为第一人称视角），拍摄一些窗外风光的延时视频和升格视频也是不错的选择。下图所示是我在德国租车自驾的画面，由于高速路不限速，自驾的体验和国内并不一样（图 6-12）。

▲ 图 6–12

到酒店的第一件事就是拍摄一段 roomtour，也可以把这称为客房旅游。只有此时的房间是干净、整洁的，因为入住酒店洗漱完毕后，想必房间会很狼藉。拍摄时可以使用稳定器或防抖效果较好的相机，视频的运镜以“推”镜头和“摇”镜头为主。出门之前，可以使用相机拍摄一段整理房间的延时视频，记录整理房间的全过程（图 6-13）。

▲ 图 6-13

到达旅游目的地以后，一定要记得拍摄景区的全貌，这样可以交代拍摄所处的环境。有条件的创作者可以使用无人机，当然，前提是景区允许使用无人机。热门景点的经典机位一定是人满为患的，拍摄时可能没有大型三脚架施展的空间，这时使用小型三脚架或手持拍摄即可。如果拍摄时间充裕，现场游人也不多，拍摄一些延时视频是个好主意（图 6-14）。

▲ 图 6-14

拍摄建筑时，不要只拍摄一张全景照片了事，建筑的细节也很重要。为了追求高效的拍摄，每个画面拍摄时间都不必过长，15 秒就够了。需要注意的是，最好使用三脚架拍摄，必须手持拍摄时注意调整呼吸，打开相机的防抖功能，因为在使用长焦镜头拍摄时，很小的抖动都会影响画面的稳定感（图 6-15）。

▲ 图 6–15

在旅游的过程中，应该注意随时记录当时的心情和感受，显然使用小型相机很容易做到这一点。在拍摄这种素材时，最好能提前做一些功课，比如，收集旅游目的地的相关资料，毕竟言之有物的描述比泛泛而谈要有趣得多。这种主播自己手持拍摄的视频有很强的带入感。拍摄结束后，最好再补充拍摄一些现场环境的空镜头，当主播有口误时，可将空镜头穿插在视频中（图 6-16）。

▲ 图 6-16

缺了美食的旅行是不完整的，旅途中可以记录每一餐的滋味，毕竟美景和美食都不应该被辜负。为了拍出食物的美味，光线尤为重要。选择座位时，可以仔细观察餐厅的灯光和自然光情况，尽量选择坐在窗户边，使用自然光拍摄，或者在灯光环境好的座位拍摄。但是餐厅的光线大多属于顶光，而且光线很硬，这时一个随身携带的迷你小灯就可以弥补这种缺憾了（图 6-17）。

▲ 图 6-17

旅行的意义并不只是到达那个地方，和当地人交谈、了解他们的饮食文化、观察他们的生活方式等，同样也很有意义。旅途中我都会去当地的餐馆、超市、书店、唱片店体验他们的生活，用手上的相机记录这一切。毕竟不是每个人都愿意被别人拍摄，使用小型相机拍摄稳妥一些（图 6-18）。

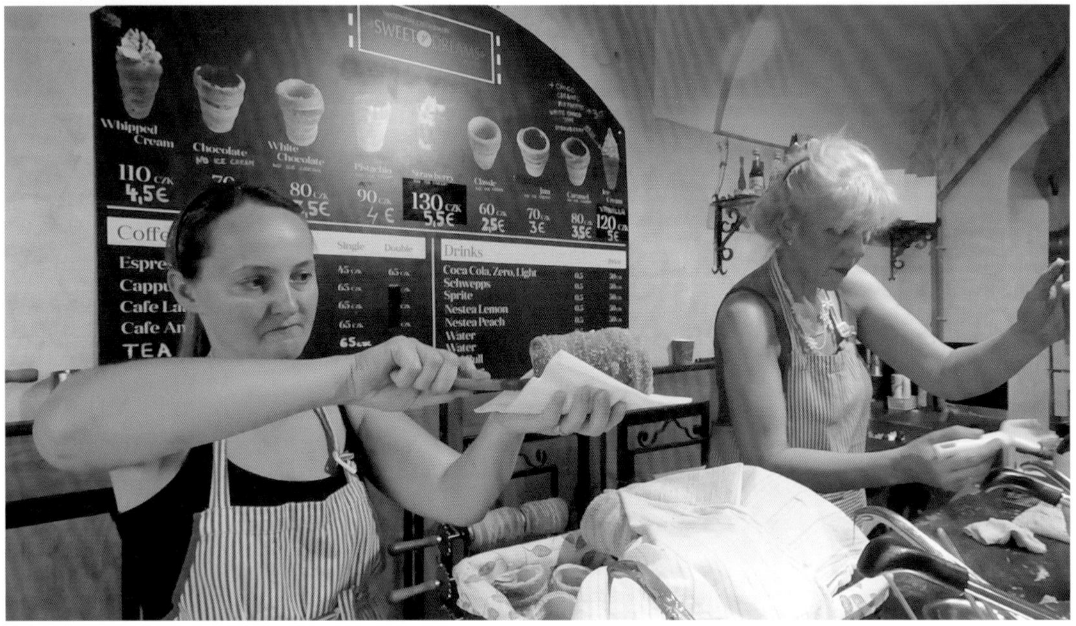


▲ 图 6-18

很多创作者的旅拍 Vlog 里只有自己，这样的视频显得不够丰富，比较枯燥。实际上，在拍摄中，可以在画面中适当地纳入一些当地人。我经常在街头用长焦镜头完成拍摄，升格视频结合音乐，更容易营造带有异域风情的旅行氛围（图 6-19）。

▲ 图 6–19

旅拍这个题材本身就很吸引人，内容囊括美景、美食、不同的心情和各种不确定性。如果视频处理不当，也可能呈现得很无趣。建议创作者在拍摄前构思 Vlog 整体架构，记下要拍摄的素材，根据行程逐步实施，不要在返程之后才发现缺少素材。

### 6.5.2 KOL

**KOL 是“关键意见领袖”的缩写，主要的拍摄内容有产品开箱、产品讲解和产品评测。** 绝大多数这类内容是在室内完成的，部分产品体验可能会在室外拍摄。

在工作室或家居环境拍摄产品开箱环节有很多方案。单机位拍摄可以采用正面机位（图 6-20）和俯视机位。微单相机是非常适合的相机，采用俯视视角拍摄时需要考虑相机的自重。和产品开箱同样重要的是产品细节展示，利用云台和滑轨运镜，结合彩色灯光，能够实现非常好的拍摄效果。产品讲解和产品评测部分使用正面机位就可以，在这部分内容中穿插产品使用的特写镜头，以及产品使用场景的辅助镜头，可以使整段视频看上去更专业。

▲ 图 6-20

镜头焦段根据拍摄环境的纵深来选择，一般使用 24 ～ 105mm 焦段就能满足要求。对微距效果有较高要求的创作者，可以添加一个微距镜头。

布光是室内拍摄需要格外关注的问题，如果拍摄场地稍大，可以使用 COB 结构的 LED 灯配合柔光箱补光，这种布光方案最简单，对光线的控制最容易。如果拍摄场地稍小，也可以通过多个 LED 平板灯补光。这种布光方案需要反复测试光源的位置才能达到较好的效果。对于拍摄产品特写的布光，建议使用小型彩色灯的光线作为拍摄用光，两个彩色 LED 平板灯实现互补色和对比色打光，可以营造出非常戏剧化的补光效果。

在室内环境拍摄（图 6-21）产品开箱、产品讲解视频时，可以使用无线领夹式麦克风或指向性麦克风录制声音。在户外拍摄这类内容时，建议使用无线领夹式麦克风录制声音。

创作产品 KOL 类 Vlog 时，首先要描述产品和市场环境，这类素材以主播的陈述为主。这部分内容需要做到画面稳定、语音清晰，一般使用固定的单机位即可，有条件的创作者可以使用双机位。在素材丰富的情况下，可以加上相关的行业背景。

▲ 图 6-21

多角度展示产品细节是 KOL 类 Vlog 创作者必拍的素材，这部分内容的拍摄方法很多，既可以拿在手上展示，又可以放在电动旋转的产品展示台上展示。拍摄大多以微距的形式表现，要突出质感和动感。质感靠光源的位置和光比实现，动感通过运动的相机、运动的产品或者运动的光线实现。为了更高效地完成拍摄，我经常使用 4K 视频素材，呈现产品细节时只需要裁剪画面即可（图 6-22）。

▲ 图 6-22

产品功能的演示和性能介绍是 KOL 类 Vlog 的核心内容之一，以单机位拍摄难免让人感觉枯燥。建议在拍摄时使用双机位，打造丰富的视角。两个机位的拍摄角度可以大于 30°，这样拍摄的景别不同。广角机位负责交代全景（图 6-23），长焦机位负责交代细节。正面的广角机位使用 4K 分辨率还可以裁剪出不同的构图，这样就能得到 3 种不同机位的画面。如果只有一台相机，则可以拍摄两遍，第一遍使用正面机位拍摄全景和全过程，拍完以后再使用长焦镜头拍摄一次细节。第二次拍摄只需大致遵循刚才的演示步骤即可，有的时候甚至不用解说，用第一遍拍摄录制的音频即可。

▲ 图 6-23

产品 KOL 类 Vlog 的核心内容还包括主播对产品的描述和对产品的看法。这类 Vlog 可以分两步完成拍摄，先拍摄产品开箱，再拍摄产品细节。建议试好灯光和运镜之后先拍摄产品开箱，因为在微距镜头下，灰尘和指纹都很明显，使用过的产品拍出来很影响效果。对产品的描述和对产品的看法只要客观就好，主播要练习一下语气和眼神，这都会影响受众观看视频的体验。

### 6.5.3 知识分享

知识分享类 Vlog 主要是拍摄室内人物的讲解，这部分内容和 KOL 的室内讲解部分类似，唯一不同的就是在部分主画面中需要加入画中画或者分屏效果，同时显示两个画面。其中一个画面可以是制作好的动画演示，也可以是 PPT，所以在拍摄主机位时需要给画面留白。

在开拍之前主讲人要测试好讲课的设备，如麦克风、音频接口、录屏软件等。这类视频有的是录播，也有的是直播，器材的测试对顺利拍摄至关重要。接下来还要检查课件的展示形式，有的知识分享用 PPT 演示，有的用软件演示，演示之前要明确演示的内容是视频还是音频，要将需要展示的素材测试好。以 PPT 为例，为计算机外接声卡和麦克风之后，需要明确是否能够正常播放音频，这些在录音之后很难弥补（图 6-24）。

▲ 图 6-24

知识分享类 Vlog 主要由两部分组成。第一部分是主讲人的画面，拍摄时主讲人最好看着镜头，这样的视频看上去有眼神的交流。如果看着镜头旁边的文案或者提纲完成拍摄，视频就缺乏交流感。如果课件很复杂或者课程内容繁多，主讲人可以通过提词器解决眼神交流的问题（图 6-25）。

▲ 图 6-25

知识分享类 Vlog 的另外一个重要部分就是课件展示。主讲人在讲课的过程中通过录屏得到计算机上的画面，这里需要明确录屏过程中是否录制声音。单一的录屏展示视频缺乏互动，或者需要更进一步演示讲师的操作过程，可以使用多机位的画中画，哪个画面的信息最多、内容最重要，就将其设置成主画面，将其余的画面以画中画的形式展现出来（图 6-26）。

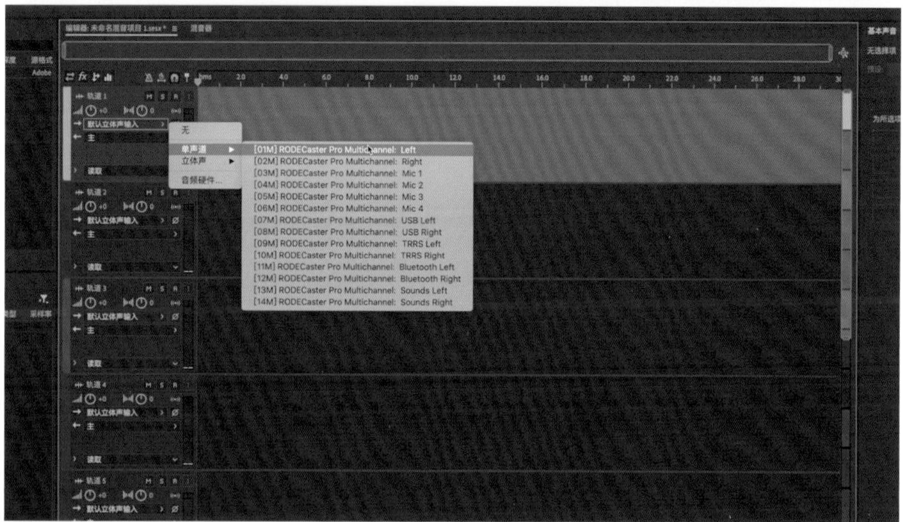
无
单声道
立体声
音频硬件...
[01M] RODECaster Pro Multichannel: Left
[02M] RODECaster Pro Multichannel: Right
[03M] RODECaster Pro Multichannel: Mic 1
[04M] RODECaster Pro Multichannel: Mic 2
[05M] RODECaster Pro Multichannel: Mic 3
[06M] RODECaster Pro Multichannel: Mic 4
[07M] RODECaster Pro Multichannel: USB Left
[08M] RODECaster Pro Multichannel: USB Right
[09M] RODECaster Pro Multichannel: TRRS Left
[10M] RODECaster Pro Multichannel: TRRS Right
[11M] RODECaster Pro Multichannel: Bluetooth Left
[12M] RODECaster Pro Multichannel: Bluetooth Right
[13M] RODECaster Pro Multichannel: Sounds Left
[14M] RODECaster Pro Multichannel: Sounds Right

▲ 图 6–26

要想拍摄优质的知识分享类 Vlog，需要让观众喜欢主讲人的画面和课件画面。主讲人需要注意的细节有很多，包括文案精炼程度、讲课语气、眼神、服装、现场布光、现场录音。每一处细节都影响最终呈现效果，这些都决定着这段视频是否受欢迎。课件展示要做到清晰明了，主讲人的讲解思维缜密、不拖沓。一句话概括，就是要做到“皮薄、馅大、色味俱佳”。

### 6.5.4 美妆

**美妆类 Vlog 要准确地表现出化妆品的色彩和人物优秀的肤质。微单相机和卡片机都能实现美妆类 Vlog 的拍摄。卡片机相对小巧，在桌面上就可以架设一套拍摄器材和补光灯具。**如果追求摄影器材的性价比，卡片机和环形 LED 灯是比较好的选择，优点是轻巧方便，缺点是环形灯的灯光下人物显胖。进阶的美妆类 Vlog 可以使用桌面三脚架或标准三脚架，安装微单相机进行拍摄，并使用 COB 结构的 LED 灯结合柔光箱补光，比如，爱图仕 LS C120D II 灯和 LightDome mini II 柔光箱。由于美妆类博主需要边化妆边讲解，有较多的手部动作，录音使用机顶麦克风最为方便。

美妆类 Vlog 通常以介绍化妆品和展示上妆效果为主。在拍摄之前，一定要测试一下化妆效果。主播坐在被拍摄的位置，打开拍摄时要用的灯光，有条件的可以拿出相机试录一下，若要求不太严格，对着镜子化妆也可以。这个过程可以查看上妆效果，也可以确认化妆品的颜色表现。

描述本次化妆是 Vlog 的第一段视频，开始拍摄时主播介绍化妆的目的、化妆部位和化妆品。这部分篇幅不宜过长，部分内容可以在化妆的过程中讲述，拍摄时使用正面单机位即可（图 6-27）。

▲ 图 6-27

在拍摄化妆过程之前，要给观众展示一下化妆品的外包装和化妆品的色彩表现。对于“一条过”的快速拍摄流程而言，将产品举起放在镜头前即可。在拍摄时，将相机设置成自动对焦比较好，尽可能用大光圈拍摄。拍摄上妆前和上妆后的区别，有利于展示化妆品的色彩表现。唇膏属于特殊化妆品，每款产品的遮盖力不同，也可以先涂抹在手背上展示，再上妆（图 6-28）。

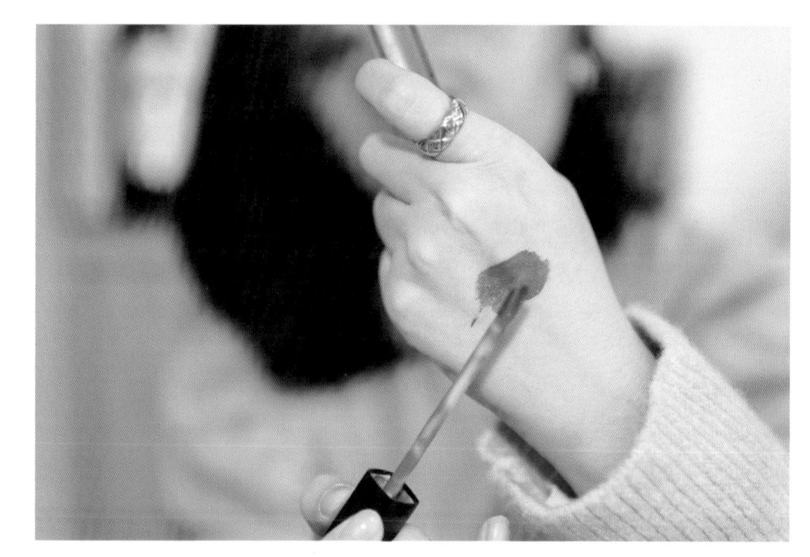

▲ 图 6–28

美妆博主拍摄的内容有化妆类、化妆品评测类、仿妆类，拍摄过程有所区别，不过要想拍出漂亮的妆容，有几个事项一定要注意。首先，要使用稍微大一些的光圈拍摄，这样有利于展现光滑的皮肤。其次，自定义相机白平衡，防止色偏，使用高显色性的补光灯打造完美肤色。再次，不要忘记拍摄一张美美的成品照片当作视频封面。

### 6.5.5 ASMR

**ASMR 类 Vlog 主要以展现声音为主，高品质的音频是视频的核心，**部分 ASMR 类 Vlog 中主播甚至不露脸。拍摄这类 Vlog 建议选择微单相机作为主机，因为微单相机连接录音设备更为方便。

ASMR 类 Vlog 的声音录制有几种方案，最经济的方案就是立体声录音笔（图 6-29），选择 XY 结构麦克风的录音笔，使用较高采样率的 WAV 格式录制，后期使用录音笔里的音频替换视频里的声音即可。建议不要选择体积特别迷你的录音笔，这种录音笔的传声器品质较差，由于功耗因素，内录的音频格式规格也不高。

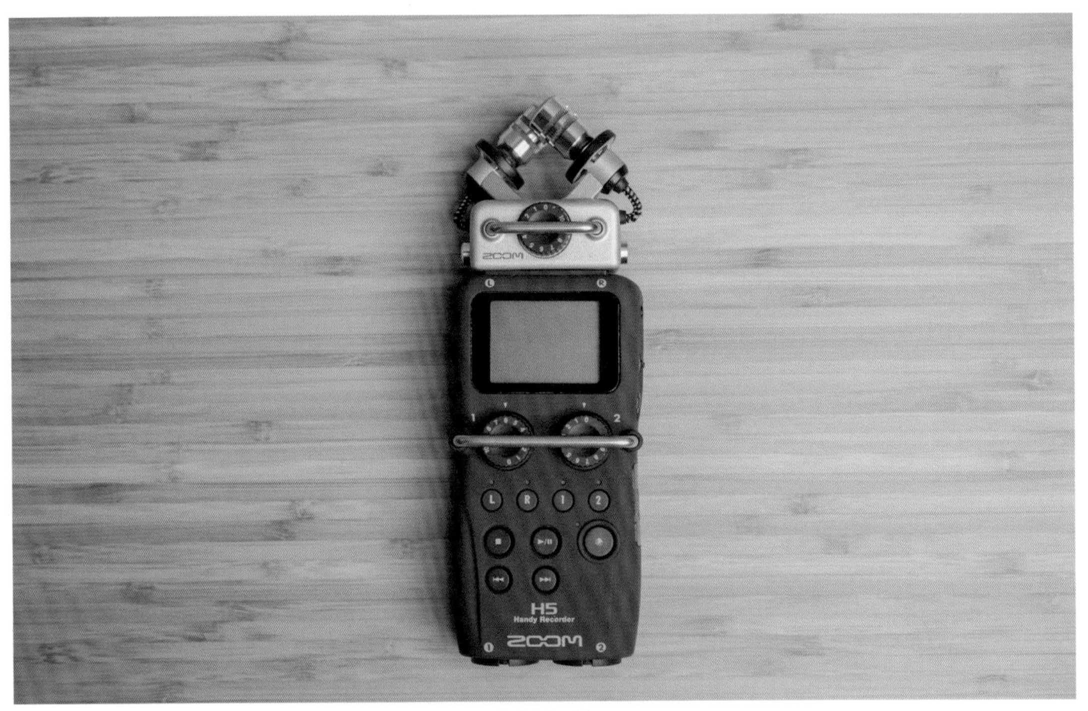


▲ 图 6-29

进阶的 ASMR 类 Vlog 可以使用如罗德 Stereo VideoMic X（图 6-30）这样的高品质立体声麦克风作为录音设备，将麦克风直接连接到相机上，或者使用录音机外录。由于罗德

Stereo VideoMic X 麦克风 XY 结构的两个传声器采用的是 NTG4 的同款传声器，所以能够获得清晰、真实的现场声音，使用录音机可以录制品质极高的 WAV 格式的音频。

▲ 图 6-30

喜欢动手的创作者也可以尝试自己搭建 XY 结构的录音机构，使用罗德 Stereo Bar 和一对 NT5 小振膜麦克风搭建立体声录制平台，对音频质量要求极高的创作者甚至可以通过罗德 Stereo Bar 连接两个 NT1 麦克风录制精细的高品质立体声音频。这种方案对于室内的音频结构有很高要求，只推荐对录音品质有极高要求的创作者使用。

从分类上来说，ASMR 类 Vlog 的主体是声音，也就是说，声音是主体，画面是加分项。其他类型的 Vlog 以画面为主体，声音是加分项。所以调整好录音器材是拍摄 ASMR 类 Vlog 的关键，拍摄前需要测试本次拍摄的所有声音，做到音量饱满不失真，还要做到尽可能低的噪声。音量不足，视频的表现力就不够，过大的音量甚至爆音都会严重影响 Vlog 的品质。这类 Vlog 最好在晚间拍摄，这样基本上能获得足够安静的拍摄效果。

在 ASMR 类 Vlog 中，立体声的录音比单声道的录音更为理想，画面以简约为主，这样可以去掉影响声音品质的一切因素。画面可以简单到只有麦克风和发出声音的物体，也可以是人物，很多 Vlog 中甚至不会出现完整的人物面部画面，这并不影响 ASMR 类 Vlog 的表现力（图 6-31）。

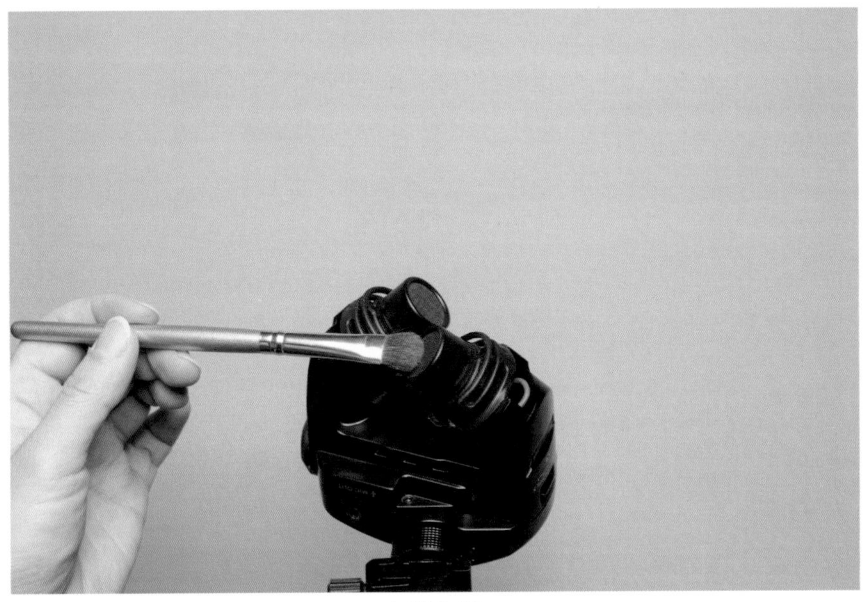

▲ 图 6–31

为了获得最好的效果，拍摄 ASMR 类 Vlog 时要避免一切影响音质的因素，应该关闭窗户、空调、排风扇、计算机，避免使用有风扇的 LED 灯。最好使用录音机录制声音，后期与相机拍摄的画面对轨，这样可以获得更纯净的声音。虽然在计算机中进行后期处理可以对音频做降噪处理，但这种操作会影响声音的品质。

# 第7章 手机剪辑技巧

手机现在不再是简单的通信工具，已经演变成一个集拍摄、后期剪辑、视频发布于一体的综合性工具。手机厂家在产品的拍摄方面宣传很多，在剪辑能力上的描述少之又少，**很多人认为手机的剪辑能力不够用，甚至没有太大用处，这种看法其实是错误的，目前苹果和中档的 Android 手机已经可以满足 4K 视频剪辑的需求了。**

# 手机（平板电脑）剪辑概述

用手机实现视频剪辑的做法源于早期的智能手机，在 10 年前的智能手机和平板电脑上就可以剪辑视频了，包括裁剪单条视频，将几个视频素材与音乐字幕合成视频短片。不过受限于当时处理器的性能，还不能完成复杂的视频剪辑项目。如今的手机已经可以满足 4K 视频的剪辑、调色需求，甚至还能在手机上完成视频的抠图和特效处理。

手机和平板电脑具有相似的形态，部分高端平板电脑拥有更大的显示屏和更高性能的视频剪辑能力。使用这样的器材编辑简单的 Vlog 短视频是够用的。和用计算机剪辑视频相比，手机的剪辑主要通过触摸屏幕来操作，对于初学者来说更容易上手，剪辑逻辑更简单。建议有剪辑需求的新手从手机剪辑视频开始练习，待剪辑技术熟练之后再学习计算机剪辑。平板电脑剪辑的性能要优于手机，并且拥有更大的显示屏，剪辑和回放也更直观。

# 剪辑 App 简介

iPhone 和 iPad 上拥有较丰富的影音剪辑生态系统，剪辑 App 也较丰富，剪辑体验较好，视频剪辑 App 包括 iMovie、VUE Vlog、Quik、Splice、Filmmaker Pro、Videoleap、LumaFusion、Premiere Rush CC 等（图 7-1）。

▲ 图 7–1

Android 手机和平板电脑上的视频剪辑 App 包括 VUE Vlog、Quik、KineMaster（巧影）等。

**视频剪辑 App 的基础剪辑功能包括视频素材长度剪裁、视频素材分割、调整视频播放速度、画幅裁剪、画面旋转、分离视**

**频素材音频、添加配乐、添加音效、添加字幕、添加转场、使用视频模板。**部分视频 App 有专项拓展功能，包括剪辑画中画或分屏视频多图层剪辑、抠像等高级功能。

根据剪辑 Vlog 短视频的主要需求，使用剪辑 App 可以调整视频素材顺序，并将视频素材剪辑成一个故事，根据需求添加配乐和片头。

# 7.3 iMovie

iMovie（图 7-2）是一款传统的视频剪辑软件，在 Mac 计算机端和 iOS 移动端都可以使用它。Mac 计算机端的 iMovie 能够完成复杂的剪辑，iOS 移动端的 iMovie 可以实现一般剪辑。iMovie 的强大之处在于其不局限于移动端日常视频剪辑。如果希望对视频素材进行专业化的影视制作，还可以将 iOS 移动端的 iMovie 项目发送至 Mac 计算机端的 Final Cut Pro 里进行剪辑，所以 iMovie 不仅是一款手机剪辑 App，也是专业视频制作流程中的一环。

▲ 图 7–2

【视频】iMovie 剪辑视频样片

## 7.3.1 iMovie（iOS 版）界面

iMovie 是一款界面简洁、操作简便的手机剪辑 App，打开 App 可以看见顶端显示“项目”。在“项目”里，可以管理以前建立的剪辑项目，并且可以二次修改，点击左侧的“+”可以开始创建视频剪辑项目，如图 7-3 所示。

▲ 图 7–3

剪辑界面可以竖向显示，也可以横向显示。为了在 App 中看到更多的视频素材，推荐以横屏显示。剪辑界面正中是检视器，这里是视频素材的预览窗口，下方是时间线，左侧和右侧分别为功能按钮，如图 7-4 所示。

点击左侧的“+”可以添加视频、照片、音乐、音效、录制的画外音、录制的新视频，如图 7-5 和图 7-6 所示。

点击剪辑界面左侧的播放按钮，可以播放时间线上的视频素材，再次点击则暂停播放。点击右上角的“？”可以显示帮助文档。点击右侧的齿轮按钮可以对这个视频剪辑项目进行设置（图 7-7），内容包括项目滤镜和项目主体模板等内容。

▲ 图 7-4

▲ 图 7-5

▲ 图 7-6

▲ 图 7-7

剪辑界面包括很多工具，点击一段素材，素材的四周出现黄色的框，此时在左下角出现 5 个选项。剪刀图标代表剪辑功能，速度表图标代表播放速度，喇叭图标代表音量，“T”字图标代表添加字幕，三个圆图标代表滤镜，如图 7-8 所示。

▲ 图 7-8

点击剪刀图标，打开剪辑界面，此时界面右下角有“拆分”“分离”“复制”“删除”4 个选项。

- 点击一条视频素材，视频素材周围出现黄框，此时按住黄框左右两侧皆可拖动，将所选素材的首尾直接拖至想要的位置，即完成对这条视频素材的长度剪裁。点击某条视频素材，视频素材周围出现黄框，此时拖动视频并将时间线停留在某一点，点击右下角的“拆分”选项，可将这条视频素材在时间线位置剪断。
- 点击一条视频素材，视频素材周围出现黄框，点击右下角的“分离”选项，可将该视频素材的视频与音频分离。长按蓝色的音频，可以将音频拖到其他位置。拖动蓝色音频首尾的黄框，也可以对音频的首尾进行剪裁。
- 点击一条视频素材，视频素材周围出现黄框，点击右下角的“复制”选项，可以将该视频素材复制一条，复制的新视频会出现在原始视频的后面。
- 点击一条视频素材，视频素材周围出现黄框，点击右下角的“删除”选项，可以删除该视频素材。按住视频不松手，向上拖动视频也可删除此条视频素材。
- 按住视频素材不松手，可以将视频移动到其他位置，实现多条视频顺序的调整。

点击左下角的速度表图标，可以调入调节视频播放速度的工具。点击一条视频素材，视频素材周围出现黄框，屏幕正下方会出现一个滑块，向左移动滑块，该视频的播放速度变慢，向右移动滑块，该视频的播放速度变快，如图 7-9 所示。

- 点击右侧的“冻结”按钮，视频会在播放时出现静帧。
- 点击“添加”按钮，视频素材会在时间线位置分区，可以将同一段视频素材中的不同区域设置成不同的播放速度。
- 点击“还原”按钮，可以撤销对该条视频素材的变速设置。

点击左下角的喇叭图标可以修改某条视频素材的音量，点击蓝色的音频，也可以调整这条音频的音量，如图 7-10 所示。

▲ 图 7-9

▲ 图 7-10

点击左下角的“T”字图标，可以为视频素材添加字幕。在 iOS 版的 iMovie 中只能对单条视频素材添加字幕，有的字幕在画面中的位置可以调整，比如“居中”和“下方”，有的字幕包含音效，点击右下角的喇叭图标可以打开或关闭字幕音效，如图 7-11 所示。

▲ 图 7-11

点击左下角的 3 个圆图标可以调整视频的滤镜，iOS 版的 iMovie 内置了 10 款滤镜，分别为“爆炸”“大片”“黑白色”“怀旧”“蓝色”“梦幻”“迷彩”“默片时代”“双色调”“西部风情”，如图 7-12 所示。

▲ 图 7-12

当视频剪辑完成之后，可以点击左上角的“完成”按钮。

点击界面下方的“播放”按钮，可以全屏浏览剪辑好的成品。点击下方中间的“分享”按钮，可以将视频成品输出到手机的相册里，如图 7-13 所示。

▲ 图 7-13

点击“存储视频”按钮，可以选取导出视频的分辨率，如图 7-14 所示。

▲ 图 7-14

根据视频的用途选择不同的分辨率，这些分辨率包括“中-360p”“大-540p”“HD-720p”“HD-1080p”“4K”，如图 7-15 所示。

【视频】iMovie 剪辑流程

▲ 图 7-15

### 7.3.2 iMovie（iOS 版）剪辑流程

**利用 iMovie 剪辑视频的流程如下：**

**选择视频素材→调整视频素材顺序→修剪单条视频素材→调整转场→添加音乐（音效）→使用滤镜→添加字幕→导出。**

点击“项目”选项，就可以创建一个新的剪辑项目，此时可以看到“影片”和“预告片”两个选项。如果想新建一个自由剪辑的视频，选择“影片”选项；如果想新建一个按照既定模板生成的 1 分钟左右的宣传片，选择“预告片”选项。

**iMovie 的优点是操作简单，手机可以和 Mac 计算机联动剪辑，能够完成 4K 分辨率素材的剪辑，可以导出 4K 视频，内置丰富的音效，可以使用绿幕抠像功能。缺点是：iOS 端 App 调色功能简单，只能使用 10 款滤镜；字幕功能简单，字幕样式较少；App 为 iOS 独有，Android 用户无法使用。**

## 7.4 VUE Vlog

VUE Vlog（图 7-16）App 以前的版本叫作 VUE，改名为 VUE Vlog 之后也添加了社交属性，所以 VUE Vlog 是兼具视频剪辑和视频分享功能的 App。利用这款 App 能够剪辑出具有电影质感的视频，也可以在视频里添加丰富的贴纸，这些功能都很受年轻人的喜爱。

▲ 图 7-16

【视频】VUE 剪辑视频样片

## 7.4.1 VUE Vlog 界面

▲ 图 7-17

点击 App 下方红色的相机图标，就可以使用 VUE Vlog 创作视频了。

点击“拍摄”按钮，可以逐个镜头完成拍摄，这种方案适合 10 秒左右的迷你 Vlog 拍摄，并不适合创作时间稍微长一点的 Vlog。点击“导入剪辑”按钮，可以挑选一些视频素材，创建一段 Vlog。点击“视频模板”按钮，在打开的界面中包含一些视频模板，点击“创作”按钮，可以快速剪辑一段风格统一的 Vlog。在“草稿箱”里可以查看以前剪辑的视频工程，并且可以对这些视频工程进行二次编辑。“补给站”里包括丰富的字体、滤镜、贴图、音乐、水印、套件等。点击右上角的“设置”按钮（齿轮图标）可以对 App 进行设置。如图 7-17 所示。

剪辑界面的正上方是检视器，在这里可以浏览视频素材，中间是按顺序排列的素材，长按某条视频素材可以将其拖至其他位置。点击视频素材之间的“+”，可以添加新的视频或转场。剪辑界面最下方的 6 个选项，分别为对视频素材进行编辑的边框工具、贴纸工具、文字工具、分段工具、剪辑工具、音乐工具。

点击下方的视频素材编辑工具，包括“取消静音”“截取”“镜头速度”“删除”“滤镜”“画面调节”“美肤”“旋转裁剪”“变焦”“倒放”“复制”“替换”“分割”“原声增强”，如图 7-18 所示。

▲ 图 7-18

- “取消静音”工具：可以将选中的一段视频素材做取消静音处理。点击该工具，则该工具名称变为“静音”，可以将选中的一段视频素材做静音处理。
- “截取”工具：可以在现有的单条视频素材中截取一部分，如图7-19所示。
- “镜头速度”工具：可以将把现有的视频素材变慢或提速，视频的播放倍率为0.25×、0.5×、0.75×、1×、1.5×、2×、4×，如图7-20所示。
- “删除”工具：可以删除选中的视频素材。

▲ 图 7–19

▲ 图 7–20

- “滤镜”工具：VUE Vlog的精髓，其中包括一些精心调制的滤镜，选择滤镜后，可以根据需求调整滤镜的透明度，点击右下角的“应用到全部分段”按钮，也可以将这个滤镜应用到整个视频工程中的每一个视频素材，如图7-21所示。
- “画面调节”工具：可以调整视频素材的亮度、对比度、饱和度、色温、暗角、锐度，并且可以通过点击右下角的“应用到全部分段”按钮，将单条视频的调整方案应用到整个视频工程中的每一个视频素材，如图7-22所示。
- “美肤”工具：可以对视频中的人物进行磨皮，有“中”和“强”两个选项。
- “旋转裁剪”工具：可以对视频的画面进行裁剪，只使用视频素材画面范围的一部分，也可以对视频的画面方向进行逆时针旋转。
- 变焦”工具：可以对视频素材进行推进、拉远、上下升降镜头和左右平移镜头的操作，如图7-23所示。
- “倒放”工具：可以让视频逆向播放。
- “复制”工具：可以复制一条已选中的视频素材，并且排列在该条视频素材的后面。
- “替换”工具：可以将选择的视频素材替换成另一条视频素材。

- “分割”工具：可以把视频素材在时间线上分割成两段，如图7-24所示。

▲ 图 7–21

▲ 图 7–22

▲ 图 7–23

▲ 图 7–24

- “原声增强”工具：可以提升所选视频素材的声音响度。

下方的文字工具包括“大字”“时间地点”“标签”“字幕”等 4 个工具。

- “大字”工具：可以制作视频的片头标题，如图7-25所示。

- “时间地点”工具：可以为视频自动添加时间和地点信息，如图7-26所示。
- “标签”工具：可以在视频中添加气泡，并在气泡里输入文字，如图7-27所示。

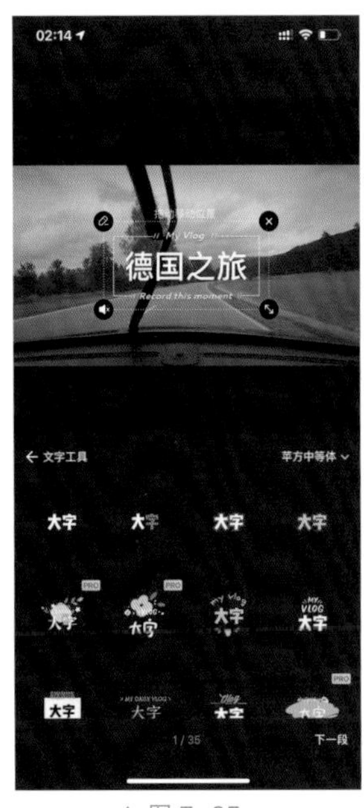

▲ 图 7-25

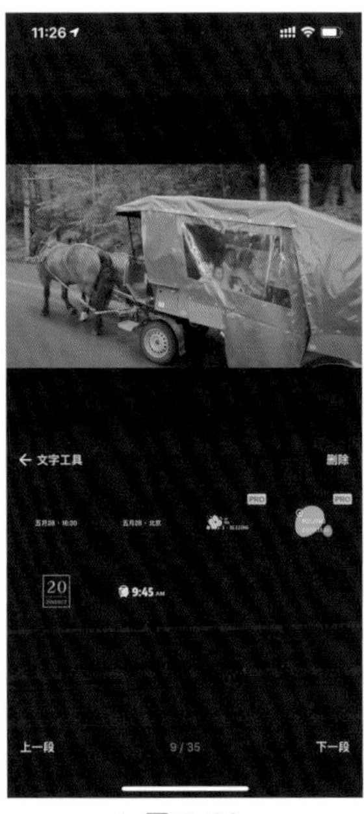

▲ 图 7-26

▲ 图 7-27

- “字幕”工具：可以为视频添加字幕，点击下方的“字幕样式”选项，可以选择字幕的字体和样式，点击“+”可以手动输入字幕。点击下方的“自动字幕”选项，可以智能识别视频中的普通话人声，在视频中的合适位置自动添加字幕。如果生成的字幕有错误，可以手动修改，也可以调整字幕的起始位置，如图7-28所示。

▲ 图 7-28

【视频】VUE 剪辑流程

利用音频工具可以为视频添加背景音乐，背景音乐包括舒缓风格、欢乐风格、动感风格、电影风格等，也可以在“补给站”里自行下载。轻轻点击“添加录音”字样可以为视频录制画外音，如图 7-29 所示。

视频制作完成后，就可以点击右上角的“下一步”按钮，这样在生成视频以后可以设置为将其保存在手机的相册中，或者发送到 VUE Vlog 的社交平台上，如图 7-30 所示。

▲ 图 7–29

▲ 图 7–30

## 7.4.2 VUE Vlog 剪辑流程

**利用 VUE Vlog 剪辑视频的流程如下：**

**选择视频素材→调整视频素材顺序→修剪单条视频素材→调整转场→添加音乐→视频调色→使用滤镜→添加标题和字幕→添加贴纸和标签→导出或发布。**

不同于 iMovie，VUE Vlog 是兼具视频剪辑和视频分享的 App，建议创作者在拍摄视频之前就了解一下其内置的滤镜风格和背景音乐。有些音乐是带有画面感的，熟悉这些滤镜和音乐之后再拍摄，会给运镜和镜头组合带来更多灵感。VUE Vlog 在字幕的安排方面比 iMovie 更方便，特别是自动字幕功能可以节约制作时间。

**VUE Vlog 的优点在于丰富的剪辑功能，优秀的内置滤镜和画面色彩调节选项，以及丰富的背景音乐和贴纸，也让剪辑视频具有更多可玩性；自动字幕功能为剪辑工作缩短了制作时间；社交平台可以赋予视频更多的意义；VUE Vlog 可以在 iOS 平台和 Android 平台上使用。这款 App 的缺点是输出的视频分辨率选项不够丰富。**

# Quik

Quik（图 7-31）是一款来自 GoPro 公司的即时分享视频剪辑 App，其设计理念以快速分享为核心，正如它的名字一样。Quik 并不像前面两款 App 那样以基础剪辑为主。结合特有的“亮点”工具，Quik 可以快速剪辑出精彩的短视频。该 App 特有的模板不仅可以提供视频转场方案，也可以结合音乐让视频素材物尽其用，所以 Quik 更适合制作精彩的短片（3 分钟以内），并不适合用来制作有情节的长片。有制作长片需求的创作者可以尝试 GoPro 公司的 Splice。

▲ 图 7–31

【视频】Quik 剪辑视频样片

## 7.5.1 Quik 界面

Quik 主界面非常简洁，最下方有“闪回”“+”“我的故事”3 个按钮（图 7-32）。点击“闪回”按钮，可以进入快速编辑界面。这里会给你带来惊喜，特别是对于初学者来说，往往不清楚应该制作一个什么样的视频，在“闪回”中已经整理好了最近 24 小时的视频素材和近期的视频素材，只需要点击播放按钮就可以看到一段自动生成的视频短片，内容是最近 24 小时拍摄的视频和图片。这看上去并不像传统意义上严谨的剪辑流程，用户体验却非常友好，视频的剪辑效果也很花哨，强烈推荐第一次使用 Quik 的用户体验这个功能。点击下方的“+”按钮，可以开始剪辑一个视频。点击“我的故事”按钮，可以看到以前剪辑好的视频工程，并且可以进行二次编辑。

点击右上角的齿轮图标，可以进入 Quik 的设置界面。这部分内容非常简单，**最近一两年购买的手机建议打开“以 1080p 高清方式保存视频”和“以 60FPS 保存视频”两个选项，这样可以导出 1080p 60FPS 的视频。打开这两个选项可能会给中端手机和入门手机带来很大的压力，如图 7-33 所示。**

点击“+”按钮，可以看到导入视频素材的途径，如图 7-34 所示。

导入视频素材之后，就可以进行剪辑了。剪辑界面的工具在最下方，分别是“模板”“音乐”“素材编辑”“视频设置”“保存”。点击“模板”按钮，会看到 App 画面中央有一行视频模板，任意点击一个模板可以浏览其视频效果。模板中集合了文字特效、视频特效、转场和音乐等一整套打包处理方案。模板中也包括以图片为主要素材的短视频剪辑方案，如图 7-35 所示。

点击最下方的“音乐”按钮，可以在选定的模板中更换背景音乐。这些音乐主题包括“好友”“旅行”“夏天”“运动”“夜晚”“户外”“爱”“胶片”“回忆”“音乐库”，如图 7-36 所示。

▲ 图 7–32

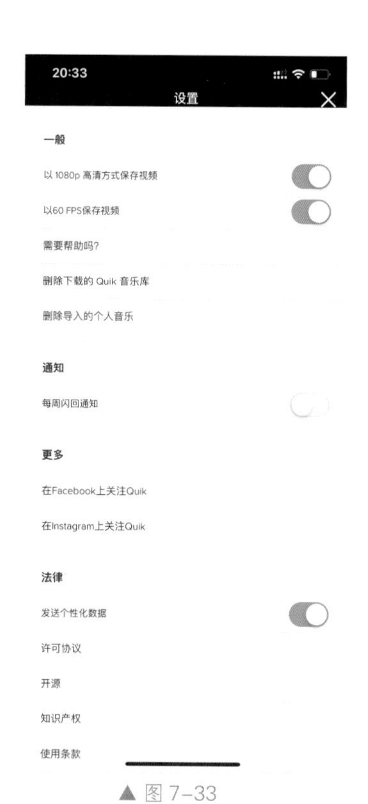


▲ 图 7–33

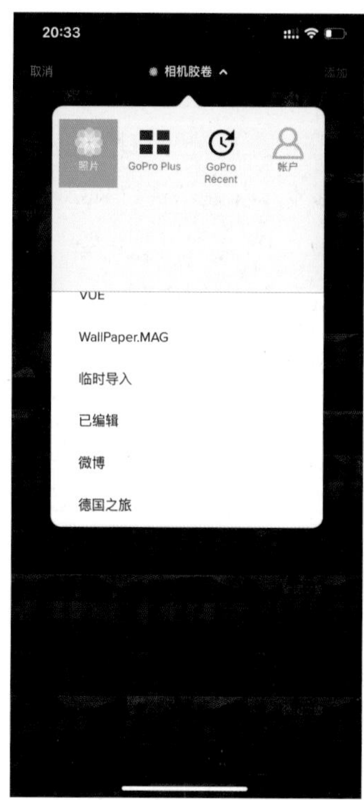

▲ 图 7–34

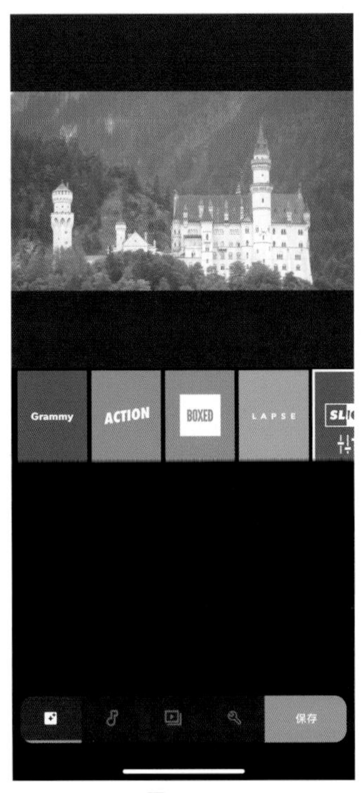


▲ 图 7–35

▲ 图 7–36

点击最下方的“素材编辑”按钮，会看到屏幕中央有一条时间线，按顺序排列着视频素材。长按素材之后可以拖动素材到希望安排的位置，点击素材后再点击素材上的画笔图标，可以对这条素材进行精细化编辑（图 7-37）。

在单条视频素材的精细化编辑中，包括“文字”“删除”“亮点”“修剪”“调整”“音量”“速度”“适合”“复制”“计速器”（图 7-38）。“亮点”是 Quik 这款 App 最重要的工具，这个工具可以在视频里的精彩位置增加标记，这个标记就是“亮点（hilight）”。无论这段视频素材有多长，在成品视频中只会播放创作者手动标记的“亮点”，这为创作者节约了大量的剪辑时间，也提供了一种全新的剪辑逻辑。需要说明的是，创作者在标记“亮点”时，无须确认需要使用“亮点”前后多长的视频素材。当创作者手动确认这段视频总时长的时候，App 会根据综合情况自动计算截取“亮点”附近的视频长度。

当拍摄视频的主机为 GoPro 时，打开机身的 GPS，还能在“计速器”工具里启动更多功能。

在“视频设置”界面可以修改视频的画幅、视频成品的持续时间、音乐的开始位置和视频的滤镜（图 7-39）。这些看似简单的功能能帮助创作者高效地完成剪辑。Quik 最大的特色是可以确认视频成品的持续时间，无须操心如何修剪视频，剩下的工作由 App 自动完成。

为了使视频的长度符合音乐的节拍，在时间长度的标尺中包括音乐节点的选项，“Q”标志的位置则代表 Quik 建议的最佳长度，如图 7-40 表示。

▲ 图 7-37　　　　▲ 图 7-38

▲ 图 7-39　　　　▲ 图 7-40

Quik 包含丰富的滤镜，使用滤镜时可以调节滤镜的效果（图 7-41）。导出视频的方式有很多，最合适的还是导出到照片库中（图 7-42）。

【视频】Quik 剪辑流程

▲ 图 7-41

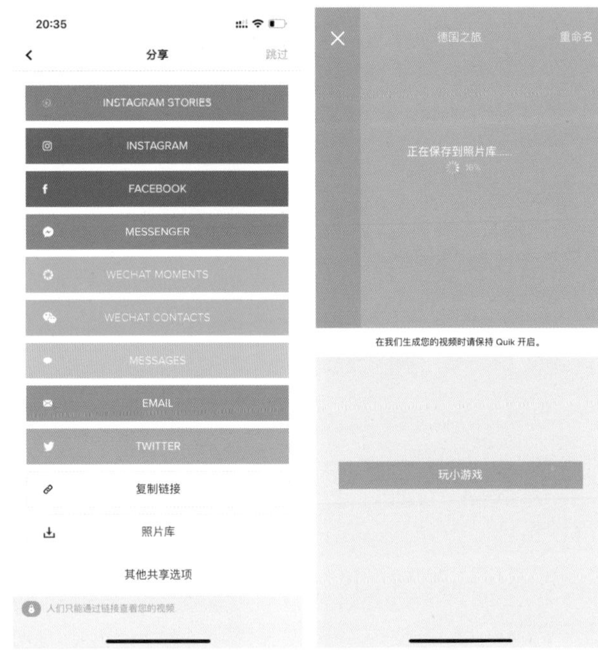


▲ 图 7-42

## 7.5.2 Quik 剪辑流程

**利用 Quik 剪辑视频的流程如下：**

**选择视频素材→选择视频模板→调整视频素材顺序→为单条视频素材添加亮点→设置视频时间长度→导出视频。**

使用 Quik 剪辑视频的思路和其他 App 不同，App 的设计者希望创作者能够在最短的时间内制作出让人眼前一亮的视频，所以 App 以半自动的形式辅助创作者制作视频。由于制作视频的难度并不大，所以这款 App 的用户使用黏性很大。

**Quik 的优点在于快速剪辑视频的流程和优质的模板，漂亮的滤镜色调也为视频增色不少。缺点是剪辑一个故事性强的视频很有难度，不能精细化地调整视频中的音频。不过正是由于 Quik 有这些“不足”，才使其非常容易上手。**

对于一个视频创作者，使用哪款 App 剪辑视频并没有标准答案，主要由视频素材的多少、视频成品的质量、手机的性能和个人的喜好共同决定。进阶的玩家可以使用平板电脑剪辑视频，在操控和浏览视频等方面，屏幕更大的平板电脑更具优势。

# 第8章 计算机剪辑技巧

计算机（图 8-1）是剪辑视频强有力的工具。虽然手机和平板电脑拥有剪辑视频的功能，但是毕竟受制于屏幕尺寸、存储容量、处理能力和交互体验，可以完成简单的视频剪辑甚至抠像等专业操作，不过仍谈不上游刃有余。

▲ 图 8-1

## 8.1 计算机剪辑概述

专业的影视拍摄和影视后期有专业的流程，Vlog和短视频的拍摄和后期处理亦是如此，不过流程和工序精简了不少。提到视频剪辑，就不得不提视频素材的管理和保存。

拍摄任务结束之后会得到大量素材，包括视频素材、音频素材、图片素材。视频素材包括外拍素材、棚拍素材、延时素材、升格素材、产品特写素材等；音频素材包括同期声、环境音、备份音轨等；图片素材包括产品图片、人物图片、视频封面、拍摄花絮等。不同的创作者有不同的分类方案，有条件的创作者可以在拍摄时即记录两份素材，比如使用双卡槽的相机、双卡槽的录音机等。回到工作室需要及时保存和备份这些素材。和拍摄机会相比，硬盘的价格是便宜的。

音频、视频和图片素材绝不要长时间留在存储卡里不做任何备份处理，因为存储卡的稳定性远不及硬盘（图 8-2）。每次拍摄回来我的媒体素材要做 3 个备份，其中，两个备份分别存放在两个移动硬盘里，这两个移动硬盘通常是按照年份命名的，比如“2019-1”和“2019-1bak”。这两个硬盘里的内容完全一样，文件是按照拍摄的时间排序的。这两个备份的意义是，如果有一个硬盘坏了，另一个硬盘里还有数据。日后剪辑的视频成品也要添加到这两个硬盘里。将第 3 个备份复制到硬盘中，将这个硬盘连接到计算机上直接剪辑。由于这个硬盘需要长时间、高强度的工作，所以需要选择高素质的品牌和型号。这样的备份方案保证了两份长久保存的素材和一份可以直接剪辑使用的素材，这 3 个备份无论哪个出现了问题，用其他的备份都可以及时补上。所有的硬盘都有使用寿命，一旦硬盘发生故障，很难恢复数据，所以不要等到硬盘突然坏掉再试图去弥补。

▲ 图 8-2

并不是所有的剪辑工作都在室内完成，很多工作需要在外出时使用笔记本电脑完成，这就需要再外挂一块移动硬盘，让笔记本电脑的硬盘没有那么大的存储压力。如果只是单个项目的剪辑，SSD 硬盘更轻巧，也更防抖，在移动办公中使用会更方便。机械硬盘也不是没有好处的，在同等价位下，机械硬盘比 SSD 硬盘容量更大，理论使用寿命也更长，但防抖性能差一些。

以希捷旗下的莱斯（LaCie）硬盘为例，单块 3.5 寸机械硬盘结构的 d2 Thunderbolt 3 和 d2 Professional 适合笔记本电脑和台式机用户使用，单个移动硬盘和计算机搭配使用可以作为剪辑素材保存盘，也可以作为媒体素材保存盘。多个 d2 Thunderbolt 3 硬盘可以通过 Thunderbolt 3 接口连接两台 4K 显示器和 6 块 d2 Thunderbolt 3 硬盘（图 8-3）。

进阶的视频创作者对硬盘的功能和稳定性有更高要求，由两块 3.5 寸机械硬盘组成的硬盘阵列 2big Dock Thunderbolt 3 和 2big RAID USB 3.1 第 2 代有更多的功能。2big Dock Thunderbolt 3 硬盘的前面板有 USB 接口、CF 卡插槽和 SD 卡插槽，视频和图片文件可以通过前面板的接口直接由相机或存储卡导入。近几年的 Mac 计算机都精简了接口，2big Dock Thunderbolt 3 硬盘设置了丰富的接口，对于使用 Mac 计算机的用户来说很方便。2big Professional 2 托架 RAID 硬盘产品的使用很灵活，用户可以根据需求设置成独立存储的 JBOD，也可以设置成 RAID1，实现最大容量和最高速度，还可以设置成更改安全级别的 RAID0。

▲ 图 8–3

有户外移动办公需求的视频创作者，使用 2.5 寸的移动硬盘更合适。莱斯硬盘的 Rugged Mobile Storage 系列可以在严酷的环境下使用。由于这个系列的硬盘都带有橘黄色的硅胶保护套，也被大家亲切地称为“小黄盘”。Rugged Mobile Storage 系列移动硬盘根据接口和用处的不同分成众多型号，PC 用户和 Mac 计算机用户都有适合的产品。这个系列移动硬盘的特色是防跌落、防水、抗压性能，能够在严酷的环境下保证数据的安全（图 8-4）。

使用什么计算机剪辑这个问题并没有标准答案，在相同的价位上，台式机能够提供比笔记本电脑更强劲的性能。Mac 计算机平台包含众多好用的专属剪辑软件，如 Final Cut Pro、iMovie 等。在 Mac 计算机中，Mac Pro 和 iMac Pro 可以剪辑复杂的大型项目，iMac27 寸、MacBook Pro 都可以完成专业视频剪辑，轻度视频剪辑建议使用 iMac 24 寸、MacBook Pro 13 寸和 Mac mini 低配版。使用 Mac 计算机时需要考虑两个因素：计算机配置和外接显示器。无论是 iMac、Mac mini，还是 MacBook Pro，很多配件都无法在后期升级，比如内存条、硬盘、显卡等，所以在选购时要考虑好这台计算机的预计使用时间和希望达到的性能。硬盘和显卡这两项配置目前都有外部扩展的解决方案，但很多 Mac 计算机的 CPU 和内存条都无法在后期升级，这就需要在购买时选择合适的机型，或者在官网购买升级版配置的计算机。PC 有更多灵活的配置，同等价格能够获得更高的参数。

视频剪辑对显示器（图 8-5）的要求也很高，主要包括显示器尺寸、分辨率、色彩显示准确度、显示品质和接口类型。外接显示器可以显示更多的素材或工具界面，也可以拥有更大的检视器，这对笔记本电脑用户来说尤为重要。更高的分辨率不但可以显示更多的信息，也可以显示高分辨率的视频素材，5K、4K、WQHD 分辨率的显示器都是很好的选择。

部分专业显示器也拥有硬件校色功能，在色彩显示的准确度上有很好的表现，如果需要制作 HDR 的视频素材，选择拥有 HDR 面板的显示器也很重要。Mac 计算机用户可以选择有 Thunderbolt 接口的显示器，这样在 Mac 计算机、移动硬盘和显示器之间只需要很简单的 Thunderbolt 菊花链的形式就能实现连接。比如，华硕 PA27AC、PA32UC 这类专业的显示器，就非常适合做视频剪辑。如图 8-6 所示。

▲ 图 8-4

▲ 图 8-5

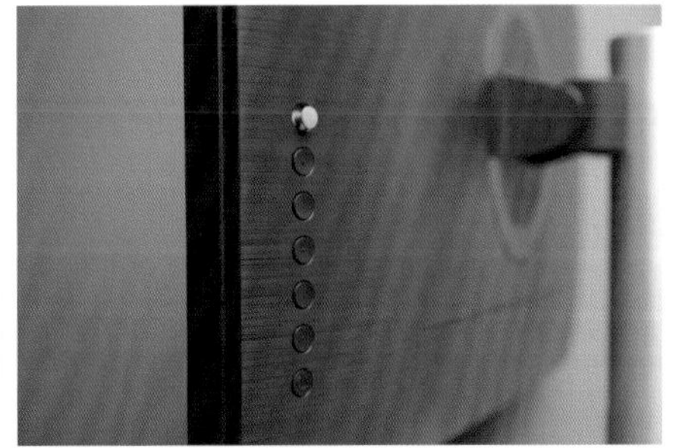

▲ 图 8-6

## 8.2 iMovie（Mac 版）

▲ 图 8-7

iMovie（图 8-7）是一款多平台 App，前面介绍过 iOS 版 iMovie 的操作，Mac 版的 iMovie 是比 iOS 版更专业的剪辑软件，界面却并不复杂。Mac 版的 iMovie 对于剪辑新手来说非常友好，导入视频素材、排序、修剪素材、添加音乐及导出视频都很简单。刚接触视频剪辑的创作者，在上手一款视频剪辑 App 的时候往往不清楚工作流程，也不清楚 App 里各项工具的具体作用，所以有一种无从下手的感觉。

iMovie 的优势在于，开始一个新的视频项目是引导式的，初学者在 App 的引导下完全可以开始一个视频项目。iMovie 简化了所有图标，界面中只保留了简洁的工具和线条，让人在开始剪辑一个视频项目时不会有很凌乱的感觉。

## 8.2.1 iMovie（Mac 版）界面

打开 Mac 版 iMovie 看到的界面和 iOS 版的 App 相似，在界面的顶端可以看到“媒体”和“项目”两个选项卡。在“媒体”选项卡中可以看到计算机中“照片”库内的图片和视频，还可以看到 iMovie 资源库中的图片、视频和音频素材。

单击“项目”选项卡，下方罗列出的是以前剪辑过的各个视频项目，选择其中的一个，可以进行二次编辑。单击左上角的“+”，即可新建一个影片或预告片，如图 8-8 所示。

▲ 图 8-8

新建一个视频项目后，可以从资源库和“照片”库中添加视频、图片、音频素材。在左上角选择 iMovie 资源库，单击上方的“我的媒体”选项卡，可以浏览这些媒体素材，直接拖到下方的时间线上就可以开始剪辑了。也可以从计算机硬盘中直接把视频、图片、音频拖到 iMovie 下方的时间线上进行剪辑，如图 8-9 所示。

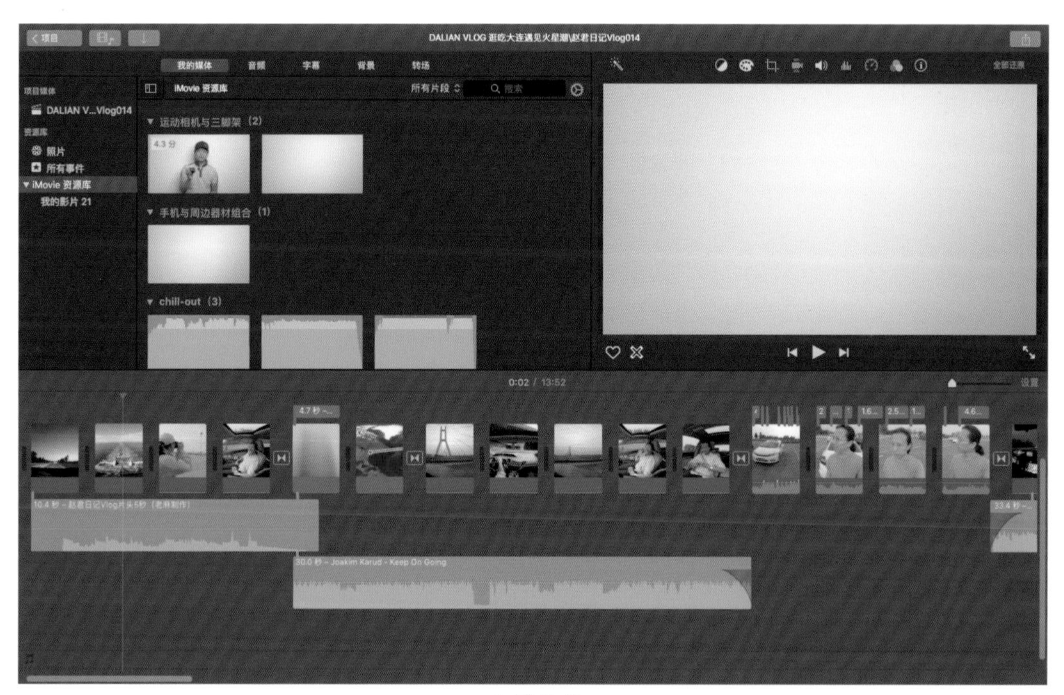


▲ 图 8-9

打开“音频”选项卡，这里有音乐库里的音乐和 iMovie 音效库。音乐库里的音频可以直接在这里预览并拖到时间线上使用。单击“声音效果”选项，可以浏览 iMovie 音效库中的音效文件。很多新晋视频创作者不知道在哪里寻找音效，其实 iMovie 里就内置了一套常用的音效，如图 8-10 所示。

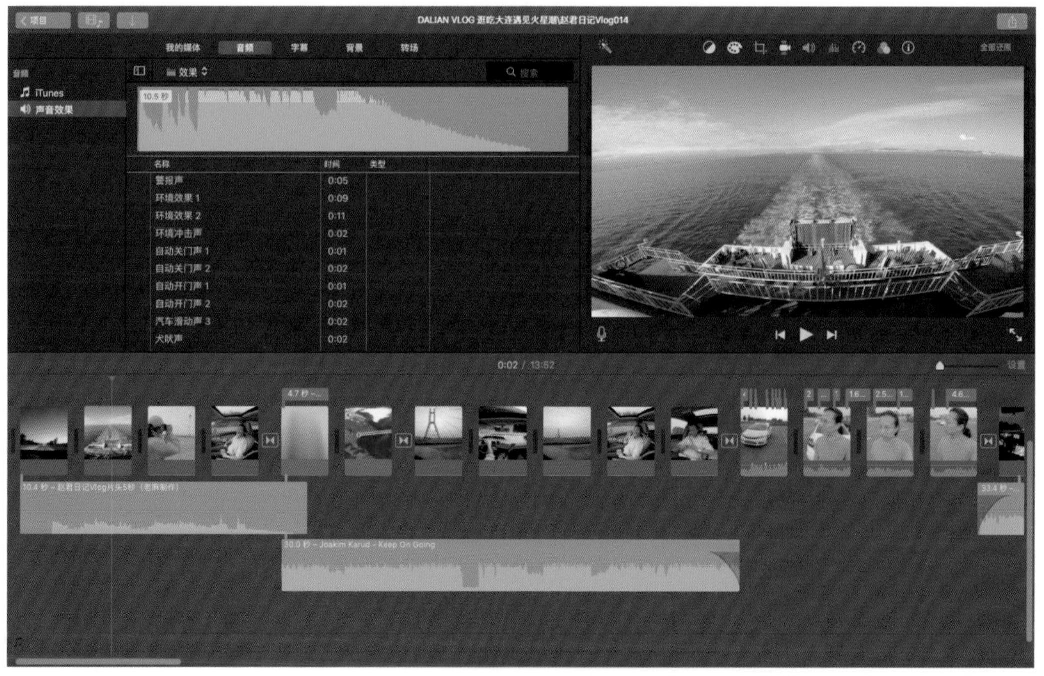


▲ 图 8-10

▲ 图 8–10（续）

单击“字幕”选项卡，可以看到内置的字幕模板。将选择的字幕拖到时间线上，调整字幕的起止位置即可。用户可以调整字幕的字体、文字大小、对齐方式、文字粗细、勾边效果、文字颜色。如果选择了视频的主题，也可以在字幕中看到对应的主题文字，如图 8-11 所示。

▲ 图 8–11

单击“背景”选项卡，可以看到预设的地图背景和字幕背景。在地图背景中输入出发地和目的地，可以自动生成一个动态效果，如图 8-12 所示。

▲ 图 8–12

在“转场”选项卡中包括丰富的转场方案，将转场方案拖到两段素材中间，即为这两段素材添加了转场。根据不同需求，可以调整转场的时间长短，如图 8-13 所示。

▲ 图 8–13

在播放时间线上的视频素材时，检视器上会实时显示这段视频素材，利用检视器上方的工具，可以对这条视频素材进行编辑。这些工具依次为“颜色平衡”“色彩校正”“裁剪”“防抖动”“音量”“降噪和均衡器”“速度”“片段滤镜和音频效果”“片段信息”，如图 8-14 所示。

- 单击“颜色平衡”按钮，显示4个选项，如图8-15所示，这4个选项使用起来都很简单。选择“自动”选项，视频会根据计算结果自动调整颜色。选择“匹配颜色”选项，可以将两段视频素材的颜色进行匹配，将颜色调整统一。选择“白平衡”选项，可以用滴管工具在画面中的白色位置任意单击，自动设置白平衡。选择“肤色平衡”选项可以使用滴管工具在画面中选择人物的皮肤，使肤色更自然。

▲ 图 8–14

▲ 图 8–15

- “色彩校正”比“颜色平衡”拥有更多的手动控制权限，拖动滑块可以手动确认画面中的暗部和高光范围，调整画面的明暗分布，也可以手动调整画面色彩的饱和度和色温，如图8-16所示。
- 单击“裁剪”按钮，可以在现有的画面中进行裁剪，也可以在画面中做推、拉、移等运镜效果，如图8-17所示。

▲ 图 8–16

▲ 图 8–17

- 单击“防抖动”按钮，可以消除部分画面的抖动，这是通过将视频四周的画面裁掉实现的，对于消除手持拍摄的抖动非常有效，如图8-18所示。
- 单击“音量”按钮，可以调节一段素材的音量大小。当使用背景音乐时，也可以在这个工具里调整背景音乐的音量，启动“调低其他片段的音量”功能时，可以尽可能地保持视频素材里的音量大小，自动降低背景音乐的音量，如图8-19所示。

▲ 图 8–18

▲ 图 8–19

- “降噪和均衡器”工具能够识别出视频素材中的背景噪声，比如空调或飞机机舱内的低频噪声。通过均衡器也可以实现增强人声、增强音乐、增强低音、增强高音等操作，如图8-20所示。
- 使用“速度”工具可以改变视频素材的播放速度，将其变快或变慢，甚至使视频素材倒序播放，如图8-21所示。

▲ 图 8–20

▲ 图 8–21

- “片段滤镜和音频效果”界面预设了众多视频素材的滤镜和音频效果。创作者可以一键修改视频素材的颜色风格，也可以修改视频素材中声音的音调，修改环境混响效果，如图8-22所示。

▲ 图 8–22

▲ 图 8-22（续）

- 在“片段信息”界面中可以查看这段素材的信息（图8-23）。

▲ 图 8-23

当完成一段视频的剪辑之后，单击右上角的“分享”按钮就可以导出视频，或将视频直接发送到视频平台上。导出视频时可以选择视频输出的项目和分辨率，如图 8-24 所示。

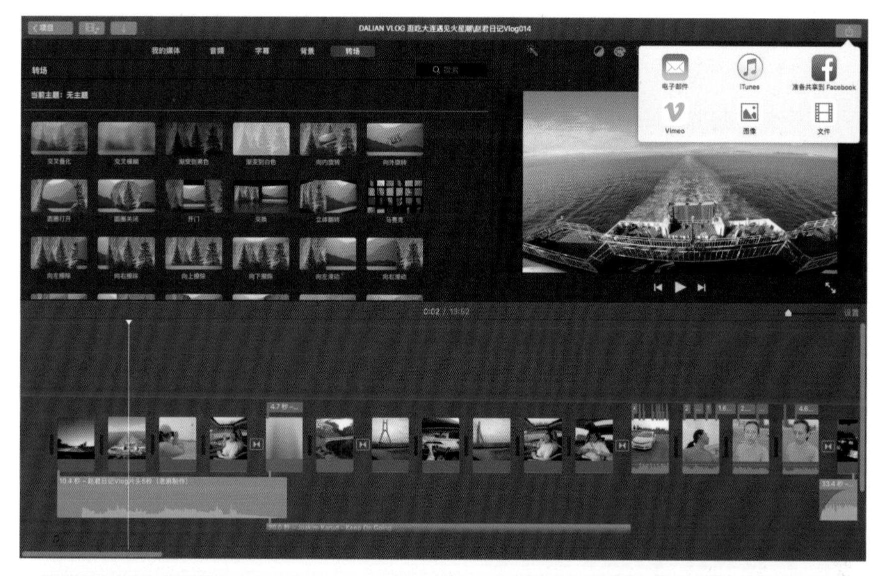

▲ 图 8–24

## 8.2.2 iMovie（Mac 版）剪辑流程

iMovie 的界面简洁，视频剪辑的逻辑和操作方法都很简单，这是一款特别适合新手使用的视频剪辑软件。其视频剪辑思路和 iOS 版的软件几乎一样，也可以按照如下流程处理：

选择视频素材→调整视频素材顺序→修剪单条视频素材→调整转场→添加音乐（音效）→使用滤镜→添加字幕→导出。

视频的色彩调整和音频调整都以模块化的方式呈现，并没有出现复杂难懂的数字和选项，这对于新手来说非常容易操作。iMovie 的功能对于大多数仅需要将视频素材剪辑到一起，讲一个故事的创作者来说已经足够了，并且可以完成 4K 视频的剪辑和输出。

iMovie 的优点是模块化的操作非常容易理解，预设的视频模板、色彩滤镜、音效库都可以满足日常剪辑，内置多种预告片模板可以快速地剪辑出专业酷炫的预告片。缺点是自由度不够大，比如字幕位置的调整、视频色彩的调节、声音均衡器的调整、输出视频格式的选择，这些方面的自由度比较小。操作快捷其实是一把双刃剑，在实现快速上手的基础上，易用度和精细化调整的矛盾是不好解决的。如果在使用一段时间 iMovie 之后发现有更高的剪辑需求，可以学习 Final Cut Pro。

iMovic 剪辑的视频项目可以无缝导入更专业的剪辑软件 Final Cut Pro。Final Cut Pro 的界面和 iMovie 如出一辙，学会 iMovie 可以很快上手 Final Cut Pro。

## 8.3 Final Cut Pro

Final Cut Pro（图 8-25）是苹果公司发布的一款 Mac 计算机视频剪辑软件，这款软件是专业影视剪辑软件，众多影视作品都是利用它剪辑制作的。虽然 Final Cut Pro 的功能强大，但界面却非常简洁，并且界面和 iMovie 非常相似。这款剪辑软件适合中阶和高阶视频创作者使用，可以实现丰富的剪辑创意。

▲ 图 8–25

非常有意思的一点是苹果的生态系统，从 iPhone、iPad 到 Mac 计算机，有一套无缝衔接的剪辑方案，从 iPhone 和 iPad 拍摄或导入的素材，不仅可以在 iPhone 和 iPad 上做初步剪辑，还可以把剪辑的视频项目转到 Mac 计算机上的 iMovie 里继续做更进阶的剪辑，并且还能将这个视频项目转入 Final Cut Pro 中进行高级编辑。也就是说，在拍摄之后的碎片时间里可以在移动端进行初步编辑，除了对视频素材进行剪辑，还可以将视频素材串联成故事，最终的转场特效和精细调色可以由 Mac 计算机进一步完成。

### 8.3.1 Final Cut Pro 的工作界面

在 Final Cut Pro 顶部的菜单栏中选择“文件”→“新建”→“项目”命令，可以新建一个视频项目（图 8-26）。

对新建的视频项目可以进行格式、分辨率、帧率、编码格式、音频规格等的选择。这里的视频项目选项和输出的视频成品选项是两个概念，完成视频剪辑以后还可以将视频输出成其他格式。Final Cut Pro 的输出格式包括绝大多数常见视频格式（图 8-27）。如果输出的格式比较特殊，也可以启动 Compressor 进行专业转码。

▲ 图 8–26

▲ 图 8–27

Final Cut Pro 的剪辑界面上半部分从左至右分别为素材管理区、检视器和素材编辑区，下半部分为时间线、效果浏览器（类似 iMovie 里的“片段滤镜和音频效果”）和转场工具（图 8-28）。

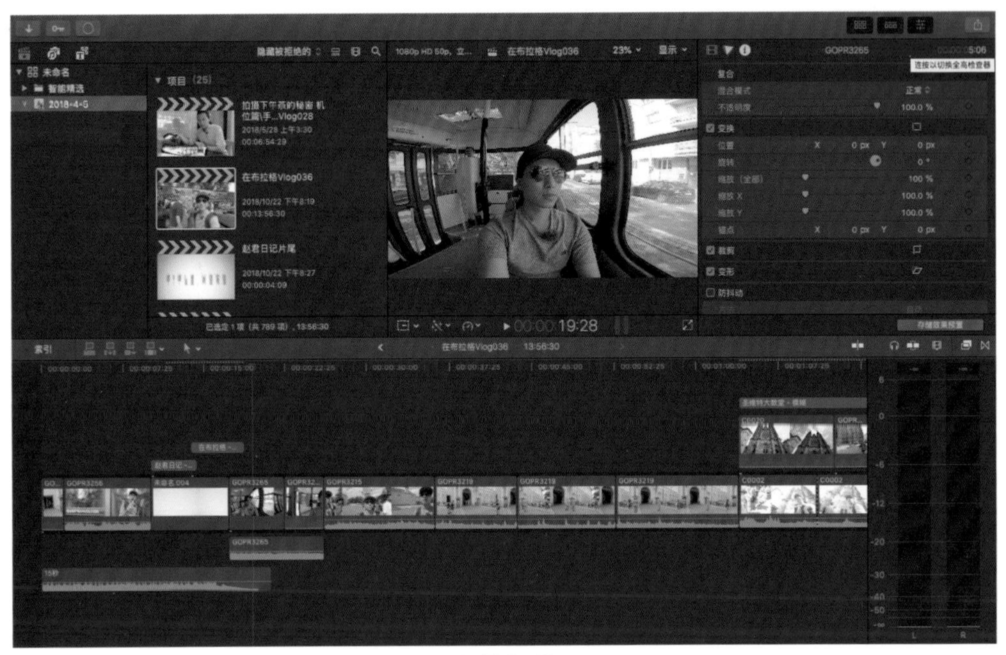

▲ 图 8–28

Final Cut Pro 和 iMovie 一样，可以从资源库里导入素材，也可以从硬盘里直接把素材拖到时间线上。

点击左上角的“照片和音频”按钮，可以看到 3 个管理目录，一个是“照片”App 里的资源库，一个是音乐资源库，另外一个是 Final Cut Pro 的音效库（图 8-29）。

▲ 图 8–29

“字幕”和“发生器”里包含字幕工具和各种发生器，在检视器里浏览可以字幕工具里的样式，字体、文字大小、对齐方式、位置、颜色、质地、边框和投影效果等都可以修改。发生器里包括常见的单色背景和动态背景（图 8-30）。

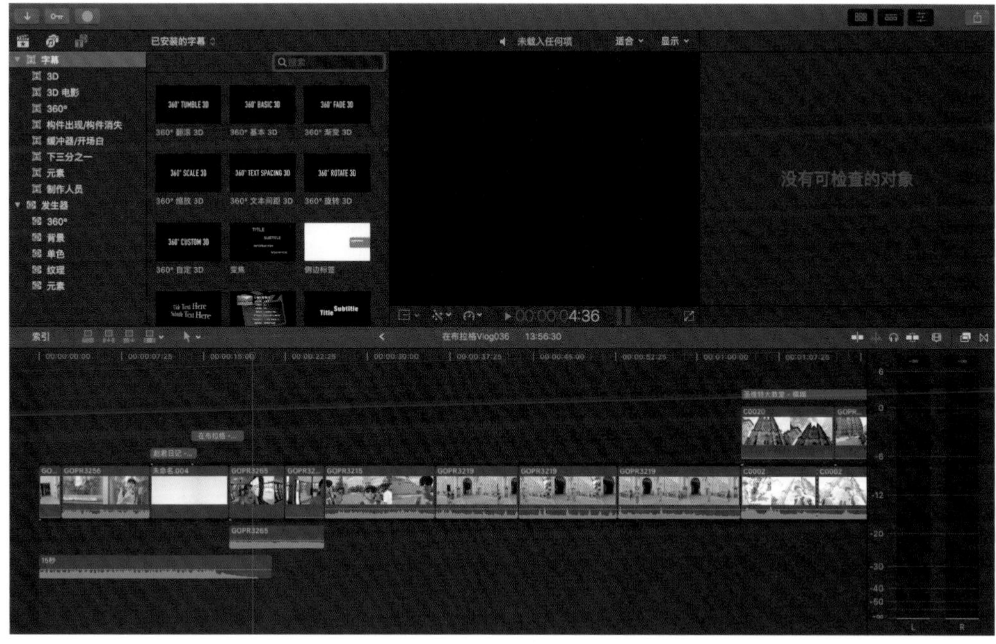


▲ 图 8–30

在右上方的“视频检查器”里可以对视频素材的画面大小、位置、旋转角度进行编辑，也可以在这个位置对视频的抖动进行分析和稳定处理（图 8-31）。

▲ 图 8–31

“颜色检查器”是 Final Cut Pro 的调色工具，在“颜色检查器”中可以对视频的“颜色”“饱和度”“曝光”进行精细化调整（图 8-32）。

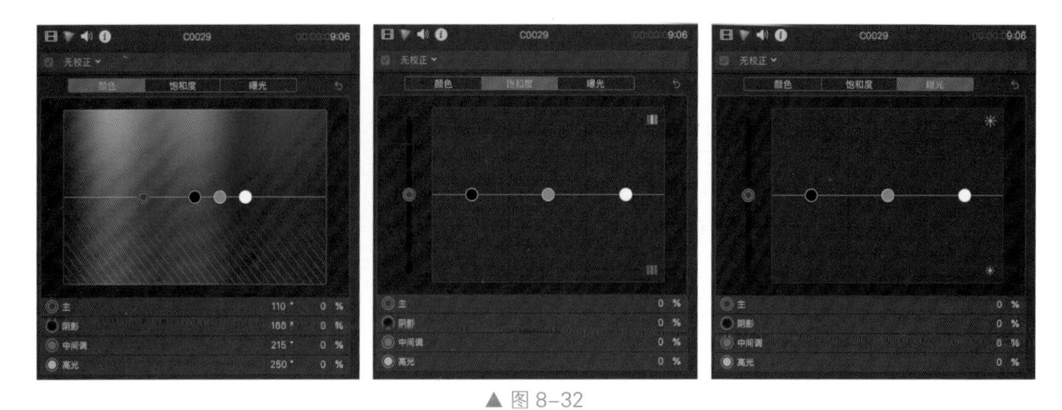


▲ 图 8–32

更多颜色的调整可以通过添加颜色校正工具来完成，比如，“色轮”“颜色曲线”“色相 / 饱和度曲线”（图 8-33）。

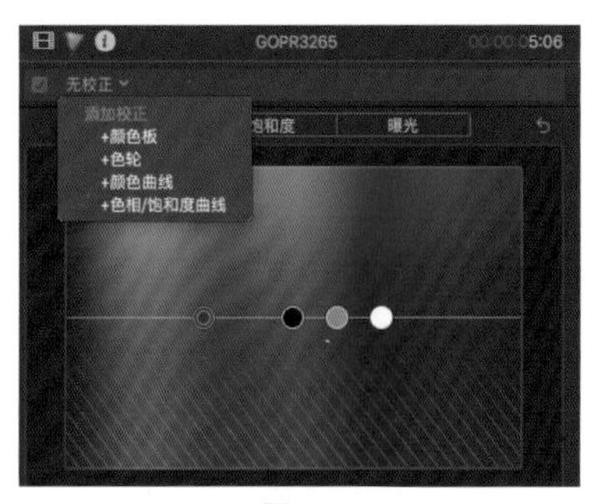


▲ 图 8–33

软件主界面右上角的音频工具可以用来调整音频参数（图 8-34）。

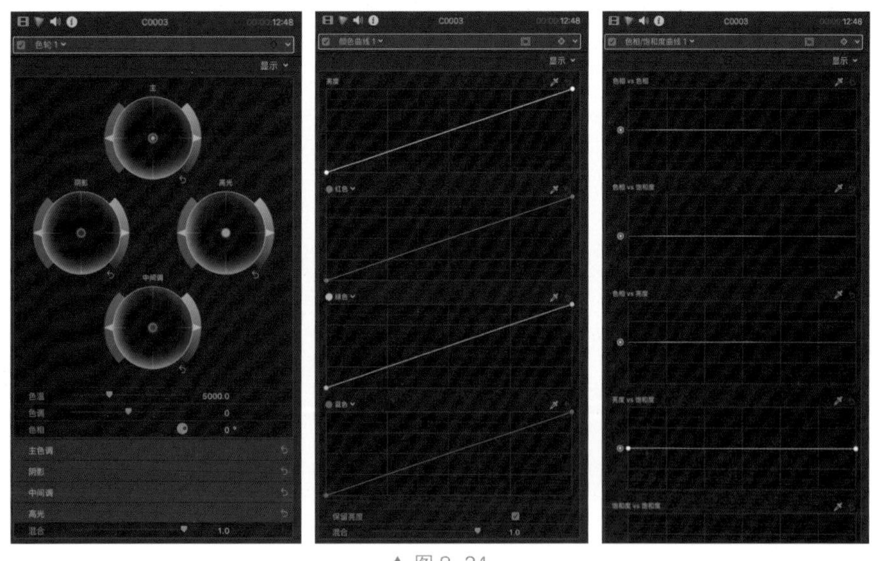


▲ 图 8–34

在 Final Cut Pro 中对音频进行调整一共有两个位置，调整的功能并不完全相同，一个是在软件主界面左上角的音频工具里，这里包括音量、均衡器、降噪等调整选项。另外一处在右下角的“效果浏览器”中，这个位置的音频调整更加精细化，如图 8-35 所示。

▲ 图 8–35

在右上角的“信息检查器”里可以查看到每一条剪辑素材的属性（图 8-36）。

▲ 图 8–36

右下角的“效果浏览器”工具看似简单，其实是 iMovie 中“片段滤镜和音频效果”的增强版，能够实现视频特效、动态效果、抠像、精细化音频编辑（图 8-37）。

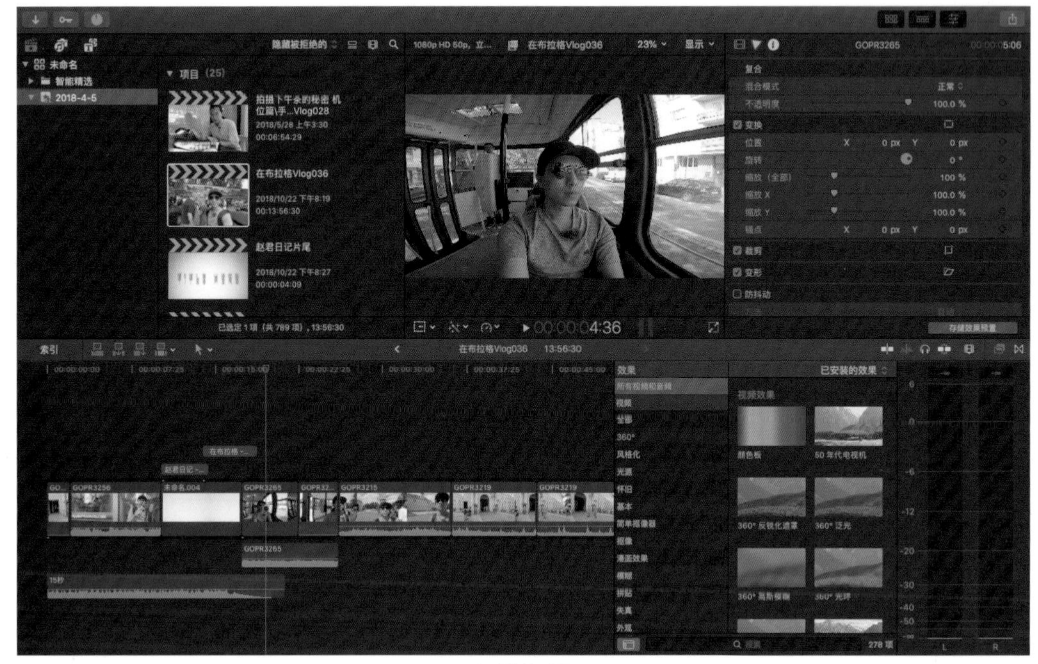


▲ 图 8-37

“效果浏览器”的旁边有个“转场浏览器”，这里有丰富的转场效果库，拖到两段视频素材中间即可使用（图 8-38）。

▲ 图 8-38

视频剪辑完成后就可以单击右上角的“分享”按钮导出视频了。Final Cut Pro 中包括常见的视频规格，也可以自定义视频规格，如图 8-39 和图 8-40 所示。

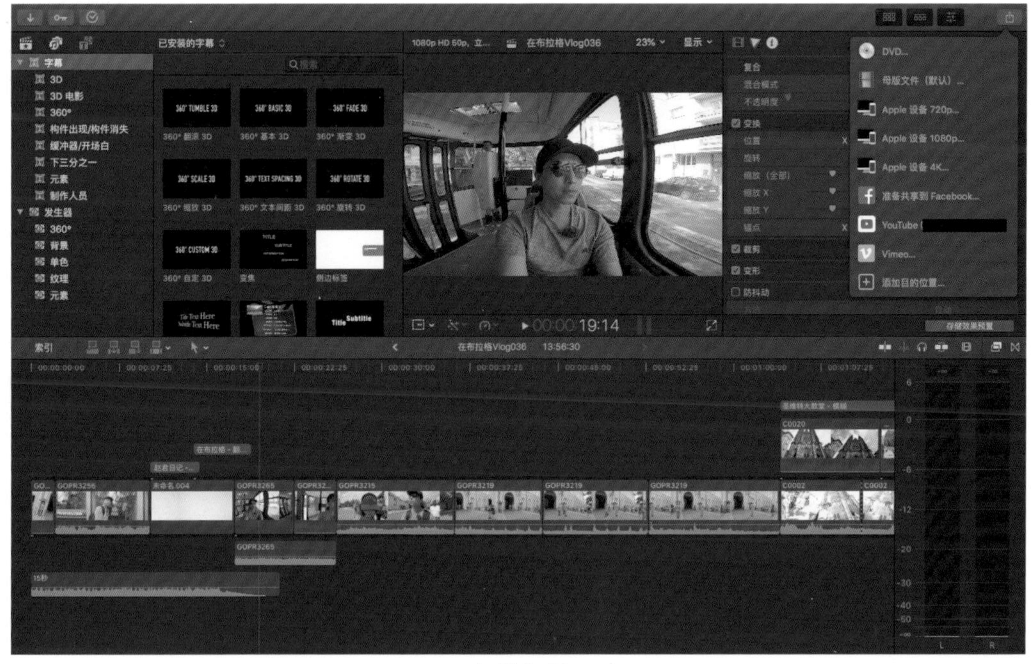


▲ 图 8-39

▲ 图 8-40

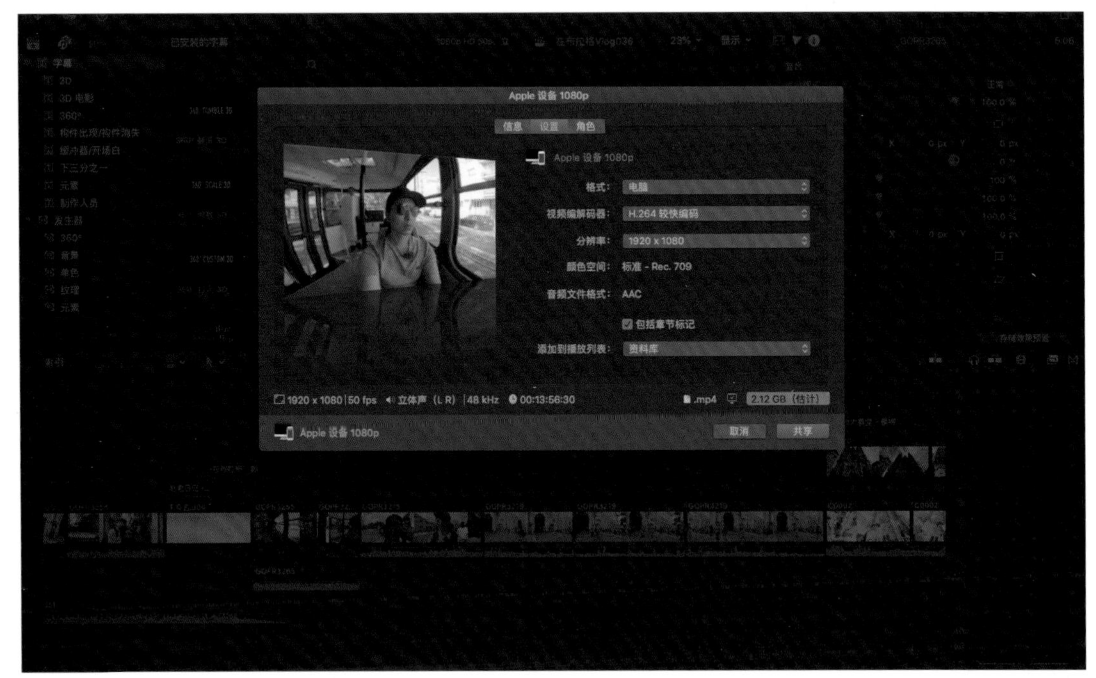


▲ 图 8-40（续）

## 8.3.2 Final Cut Pro 剪辑流程

Final Cut Pro 是一款功能强大的视频剪辑软件，在 Mac 计算机上的剪辑效率很高，操控很流畅。Final Cut Pro 并不会在视频剪辑完成以后再对视频进行渲染，而是利用剪辑的空隙时间完成渲染，最终完成视频时导出视频的时间并不长。Final Cut Pro 在工作中会产生很多临时渲染文件，如果计算机硬盘空间不够大，很快就会不够用，建议选择硬盘存储空间较大的计算机剪辑视频。或者把 Final Cut Pro 的资源库移动到移动硬盘或硬盘阵列里，在硬盘里直接剪辑。

Final Cut Pro 的资源库管理非常优秀，可以将工程文件转移到其他位置，也可以在 Final Cut Pro 里随时调用 iMovie 资源库里的视频工程。

Final Cut Pro 的优点是操作界面简单，剪辑流畅，对 ProRes 编码的视频文件支持得非常好，可以流畅地剪辑 4K 甚至 8K ProRes 和 ProRes RAW 文件，实时渲染的工作方案使导出效率更高。Final Cut Pro 可以充分地利用 Mac 计算机的性能，即使是配置较低的计算机，也能运行并实现对 4K 视频的剪辑。Final Cut Pro 内置了众多功能，包括剪辑流程中会遇到各种项目，在这个软件中可以进行所有的调整，如果还需要更专业的修改和编辑，也可以结合 Motion、Compressor 和 Logic Pro 这 3 款软件一起使用。Final Cut Pro 的缺点是只能在 Mac 平台使用，Adobe 有着广泛的用户和庞大的专业软件群，其相互之间的协作很优秀，Final Cut Pro 无法和 Adobe 系列软件融合使用，在功能的丰富程度上，Final Cut Pro 和 Adobe 系列软件还有差距。

# 8.4 雷特影派（VisEDIT）

雷特影派（图 8-41）是一款国产视频剪辑软件，在 PC 平台运行。这款视频剪辑软件的界面简洁，操作逻辑非常简单。软件的素材管理、转场、视频特效和字幕都很易用，喜欢个性化字幕的创作者可以使用这款软件完成视频剪辑。

▲ 图 8-41

## 8.4.1 雷特影派界面

雷特影派软件的操作界面和大多数剪辑软件的排列类似，上部左边是素材区，中间为检视器，右边为素材属性和特效设置，下部是时间线，如图 8-42 所示。

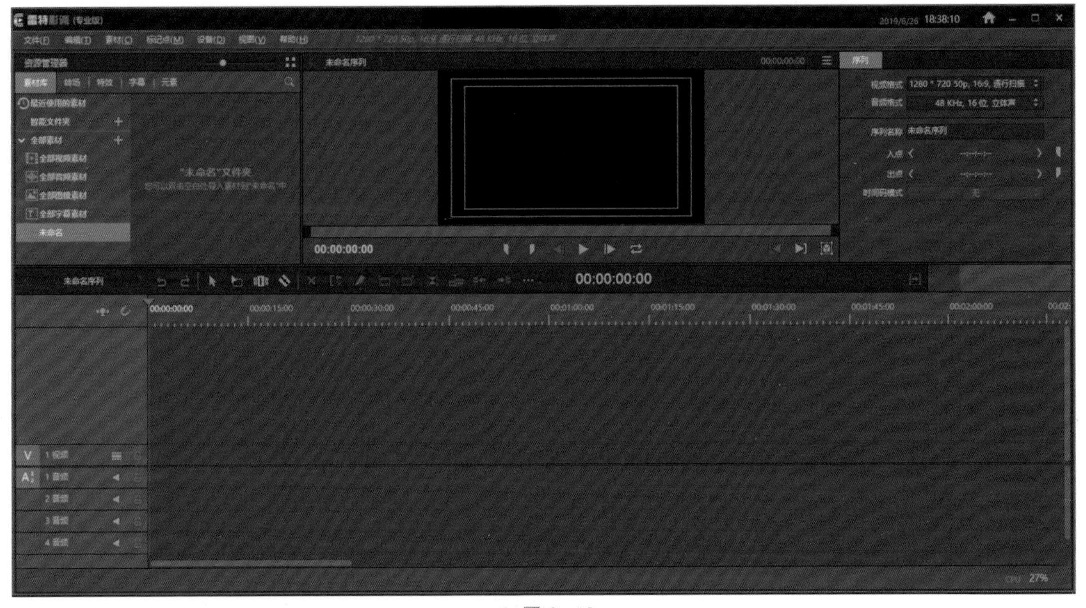


▲ 图 8-42

在上部左侧的素材区有几个分类，分别为音频素材、视频素材、图像素材和字幕素材。另外，转场、特效、字幕和发生器也在这里，调用这些元素非常方便。这个部分的素材已经分类汇总，比如音频素材、视频素材、图像素材和字幕素材有各自的目录。在剪辑一个视频项目时，经常会处理很多种类的素材，寻找起来也很麻烦，雷特影派的素材归档很适合分类查找，能够提升剪辑效率。如图 8-43 所示。

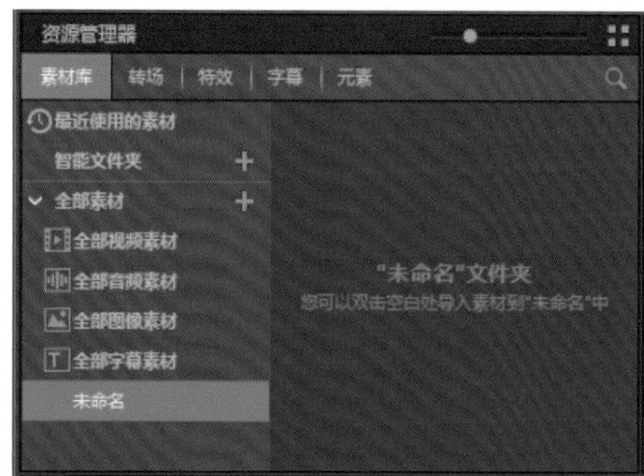


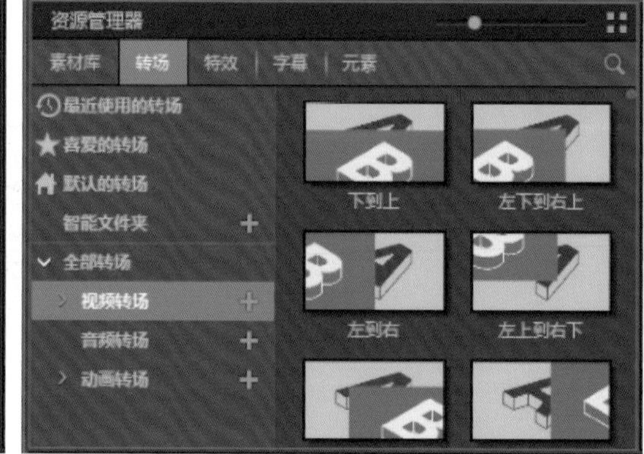

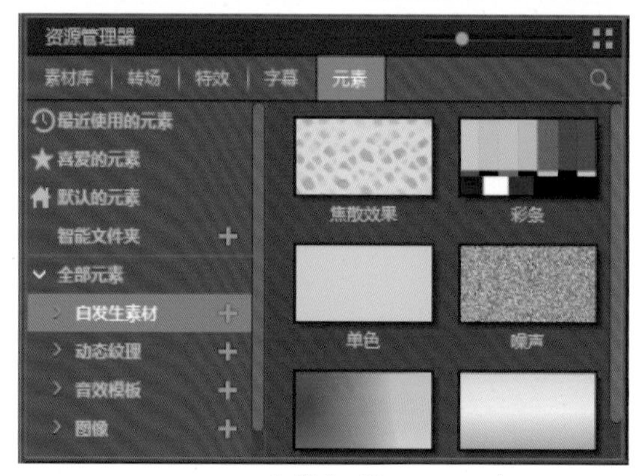


▲ 图 8–43

导入视频只需从硬盘里把素材拖入时间线即可，也可以从硬盘导入素材库，再从素材库导入时间线进行剪辑，如图 8-44 所示。

剪辑视频时可以对视频的素材进行特效编辑，特效的选择和调整位于软件上部右侧区域，如图 8-45 所示。

输出视频成品时可以选择输出的格式和视频封装文件，软件里已经内置了很多常用的文件格式，使用者可以根据自己的需要进行设置，如图 8-46 所示。

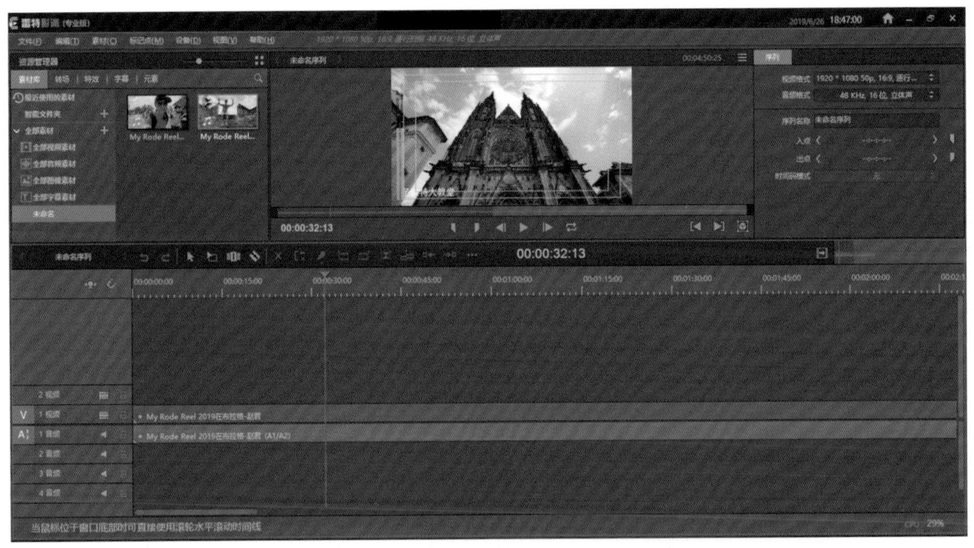


▲ 图 8-44

▲ 图 8-45

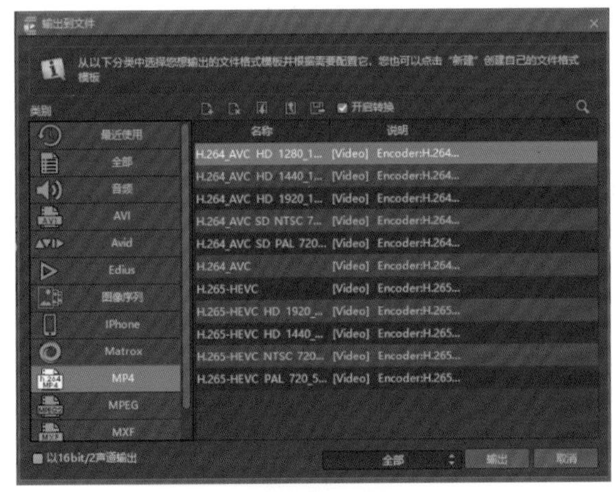


▲ 图 8-46

### 8.4.2 雷特影派剪辑流程

雷特影派是为数不多的国产专业视频剪辑软件，非常适合小型工作室和个人视频创作者使用。雷特影派的优势在于操作非常简单，即使是新手也可以很快掌握。素材分类和管理很容易，剪辑时很容易寻找素材。字幕的编辑功能非常强大，这也是这款本土软件的优势之一。和 Final Cut Pro 不同的是，雷特影派和几款主流剪辑软件的互通性能更好，可以和 Edius、Premiere、DaVinci Resolve 通过 XML 文件进行工程的无缝导入 / 导出。雷特影派的缺点是使用人群不如 Final Cut Pro 和 Premiere 多，缺少第三方公司的插件。

## 8.5 视频剪辑工作流程

视频剪辑工作包括素材管理、视频剪辑、音频编辑、旁白录制、音效使用、视频调色、字幕设计、转场调整、保存输出。使用什么样的剪辑软件要根据个人计算机的情况、视频质量要求、个人工作流程、软件使用习惯来选择。没有哪款剪辑软件在绝对意义上比其他软件强大，如何使用剪辑软件创作视频才是最重要的事。并不是拥有一大堆滤镜就能把视频做好，在开始学习视频剪辑的过程中要注重实用功能的学习，而不是花哨的功能。对于新手而言，如何把视频和音频素材都进行标准化处理，视频剪辑中不出现镜头衔接的大忌，学会用镜头语言讲故事，这些都是需要首先掌握的。在掌握了这些内容之后，再根据视频的需要添加一些酷炫的元素，使视频成品更精致。

很多视频剪辑初学者会被花哨的转场、闪烁的画面所吸引，一开始就追求如何完成这样的视频，这是错误的。如果一段视频里素材的颜色不统一，视频里的声音很劣质，视频前后缺乏故事内容，只有所谓的酷炫转场是不够的。还有一些创作者在视频中沉溺于创作 B-Roll，视频主体干瘪，这也是本末倒置的结果。视频剪辑是视频创作的一环，先学会走，再学飞也不迟。

多看优秀的作品有利于增强视频创作理念，思考这些作品是如何剪辑的，要考虑如何使用手头的器材拍摄心仪的视频。视频剪辑是实践性的学习，多看、多拍、多做，才能越做越好。

# 8.6 发布平台简介

完成一个 Vlog 视频的创作之后，就可以将其发布到各个平台了，发布 Vlog 并没有绝对意义上的最佳平台，能承载视频的平台都可以在上面发布 Vlog。每个平台有自己的特点，创作者可以根据需要选择上传。

Vlog 平台主要分成几种类型：视频平台、社交网络、具有社交性质的视频剪辑 App。视频平台是主流的 Vlog 平台，Bilibili、优酷、爱奇艺等视频平台都是传统的视频平台，在这些平台中，Bilibili 的互动性最好，拥有大量活跃的 UP 主。社交网络包括微博、微信公众号和各种内嵌类似公众号图文功能的 App。在这些社交网络中，新浪微博的 UP 主活跃度较高。由于一部分创作者会在多个平台同时发布 Vlog，在新浪微博发布时可以添加文字描述，转发和互动的体验比较好。也有很多创作者喜欢在具有社交性质的视频剪辑 App 里发布 Vlog，比如，VUE Vlog 除了具有传统的剪辑功能，还具有社区的职能，这也很符合 Vlog 的传播。

## 8.6.1 Vlog 的包装

Vlog 的标题和被点击观看的概率有很大关系，起一个精练的、可以概述内容的名称是最基础的选择。比如，“某某的成都逛吃之旅”“东京购物指南”“布拉格 Vlog”。命名也可以是带有编号的格式，比如，“Vlog001 喵星人铲屎官的一天”“快手私房菜 Vlog001”。有些名称会让观众很有兴趣打开观看，比如，“职场新人美妆手册”“精酿啤酒的秘密”“西安美食地图”……

很多 Vlog 平台有视频封面功能，在浏览视频时人们首先会看到封面，封面的内容可以与内容相符，也可以是创作者的照片和文字。这些图片可以专门拍摄，也可以是视频截图，不过视频截图的分辨率往往不如相机拍摄的照片，创作者可以根据封面的使用需求选择图片的采集方式。

## 8.6.2 Vlog 的视频格式概述

使用视频剪辑软件完成一段视频的制作之后可以将视频导出、上传，导出的原始视频不一定是上传的视频格式。如果需要留存资料，可以导出一份高码流、高分辨率的视频，另外导出一份低码流的视频用于上传。如果有条件，可以使用 4K 分辨率拍摄，最终输出一份 4K 视频成品留存，再输出一份 1080p 的视频上传网络。

目前，有很多平台已经开放了高帧率上传的权限，可以上传 50fps 或 60fps 的视频作品。

创作者可以根据实际情况拍摄 50fps 或 60fps 的视频素材，制作高帧率视频成品，这种规格的视频在回放的时候残影更少，观影体验更好。

究竟使用哪种格式封装视频要看视频的用途和网络支持，MP4、MOV、M4V 等格式都是网络流行的主流封装格式，导出视频时一定要查看这个网络平台支持的封装格式都有哪些。如果担心视频的兼容性，尽量使用 MP4 作为封装格式，因为这种格式的使用很广泛，得到普遍支持。

视频中的音频编码是需要格外注意的内容，衡量一段视频质量的指标包括画质和音质，在使用视频剪辑软件导出视频的环节可以看到音频格式，尽可能选择 WAV 格式的音频，采样频率为 44.1kHz 或 48kHz 以实现高音质。

# 第9章 结束语

非常感谢大家购买了本书并且耐心地看到这里，对于很多人来说，这本书并不是每一部分都有用，但是，不管哪一部分，都希望能对大家学习视频拍摄有所帮助。**对于想要开始拍摄 Vlog 的朋友，我的建议是听从自己内心的想法，结果一定比不做更精彩。**我在 2017 年开始拍摄 Vlog 时，并不曾想到这两年多将会发生的事、将会认识的朋友，以及生活的改变。拍摄 Vlog 的意义是分享自己的生活和所思所想。在互联网时代，每个人都是一个节点，每一个人都掌握着别人不曾了解的信息，是网络让大家保持这种既熟悉又陌生的距离，就好像你就在我身边，却又远在天边。

拍摄 Vlog 两年多的时间，我的收获很多，包括拍摄视频和剪辑视频的能力、来自世界各地的友谊、合作伙伴的信任，以及对自己的重新认识。

2017 年，我的视频拍摄水平仅限于拍摄照片的延展，对摄影器材也没有那么熟悉，只会用 iMovie 进行简单的剪辑。在拍摄 Vlog 的过程中，经常会发现自己在某些领域的不足，我拍摄的 Vlog 是我创作的成品，其他人的 Vlog 则是我学习知识的源泉。

我经常在视频的下方看到外国语言的留言，有的语言我自己也不认识，借助翻译软件才看懂这些世界各地的文字。这时，我才发现自己拍摄的视频对于地球另一边的朋友竟然也有用。其实，仔细想一想，这也不奇怪，我也是看着众多国外优秀的视频教程学习摄影、视频拍摄技术的。

和很多朋友一样，拍摄 Vlog 初期我就遇到了很多困难，我选择拍摄的领域是数码器材和影视器材，没有素材可拍是最初遇到的困境，闷头拍摄初期渐渐地获得了一些厂家的信任和支持，这也是我不断拍摄下去的动力。

拍摄 Vlog 会占用很多休息时间，花费也不少。策划一期 Vlog、选择拍摄地点、挑选与租借拍摄器材、调试拍摄器材、拍摄 Vlog、剪辑 Vlog、撰写 Vlog 推送图文、将 Vlog 发布到各个平台，这些流程都很花费时间。购买拍摄器材、录音器材、灯光器材、稳定设备、剪辑设备、存储硬盘、摄影包、摄影配件等的花费都不是小数目，如何选择最适合的器材，怎样分配各部分的花费是很伤脑筋的事。在这个过程中，我走过很多弯路，因此我把大家可能会遇到的问题写进本书，希望大家少走弯路。

正是几年前在蜂鸟网担任摄影讲师的经历让我有机会面对各地的学员，3 年多的时间讲过的网络摄影课程包括《摄影基础课》《摄影基础进阶课》《微单摄影从入门到精通》《小身材 大妙用 微单摄影入门 + 拔高》《人像摄影技巧》《人像摆姿 20 招，超实用口袋指南》《摄影审美提升课：平凡生活拍出不平凡的摄影世界》《弱光摄影——穿透黑暗，摄出光彩》《曝光这件小事还有 100 个你不知道的》《驾驭光线强化班——创造性地运用光线》《手机摄影后期课》《手机摄影独门秘籍》《手机摄影怪兵器》《拯救零点赞：5 节课教你打造 10W+ 短视频》等。听过我摄影课的几万名学员有很多走上了专业摄影之路，也有很多学员在摄影的过程中找到了乐趣。经常有学员向我反馈在摄影学习中遇到的问题和取得的成绩，这些经历让我萌发出想要录制 Vlog 的想法。网络摄影课和 Vlog 是我分享知识的两个途径，网络摄影课是一种带有主题的系统短训式知识分享，Vlog 是即时分享最新影像器材使用体验和摄影知识的直观形式。

如果我孤身一人拍摄 Vlog，肯定是完成不了的，这些视频的背后还有很多朋友的默默付出。首先要感谢我的爱人，绝大多数 Vlog 的拍摄都由她掌镜，也是她陪我完成制作的。我们经常开车几小时到拍摄目的地，要抽出休息时间和旅游的时间拍摄节目。我们的旅行也经常带有拍摄任务，在我们一起去印尼、德国、捷克、比利时、卢森堡的旅程中，一半的行李都是拍摄器材，在国内的旅行也是如此。到了拍摄现场，她还要为我打理妆容、摄像，并且担任剧务等，非常了不起。

感谢我的朋友赵昌龙，2017 年如果没有他在我耳边不厌其烦地反复推荐 Vlog，我也不会走上拍摄 Vlog 之路。在和他一起拍摄《寻找摩拜红包车之旅》的过程中，让我感受到了拍摄 Vlog 的魅力和乐趣。

感谢电影人、音乐人、多媒体教育工作者胡禄丰老师的技术支持。我经常深夜碰到拍摄和剪辑难题，面对这些“疑难杂症”，胡老师经常深夜一对一地支持，能认识影视全才胡老师真的是我的荣幸。

感谢著名吉他手老麻先生为我创作赵君日记 Vlog 的片头和片尾音乐。我深知艺术创作的辛苦，也并不想在网上随意下载其他艺术家辛苦创作的音乐作品为我使用，感谢老麻先生的倾力支持。

感谢商业摄影师、热靴闪光灯专家肖童老师的技术支持。肖童老师评测过大量影视器材，对影视工业流程非常熟悉，肖童老师的 Lightalker 工作室一直是我探寻新技术、新器材的福地。

感谢知识付费领域的专家李姗姗女士，写这本书的创意来自于和李姗姗女士一起开发的一套网络摄影课程《拯救零点赞：5 节课教你打造 10W+ 短视频》，这套课程的成功给了我极大的信心写这本书。

感谢影视工业网胡聪老师搭建的“一录同行”平台，在这个平台上，我结识了很多影视类自媒体的朋友和影视类器材厂家的伙伴。

感谢武冬青老师的约稿，没有武冬青老师的约稿，就不会有这本书。

感谢罗德麦克风的刘鹏先生、爱图仕影像器材的刘一慧女士、印迹国际有限公司的万长春先生、Atomos 中国的宋慧桐先生、德塔颜色商贸（上海）有限公司的闫衡博先生、未泰克影像（上海 ）有限公司的于潇波先生、GoPro 中国的 ColdPan 先生、mucus 音乐视频博主，是他们让我对影像器材各领域有更加垂直的了解。

感谢博主 pepper 为本书提供的美妆图片。

其实需要感谢的人非常多，在这里就不一一枚举了。

Be a Vlogger

在阅读这本书的过程中，遇到任何疑问或发现内容有疏漏，欢迎通过以下方式和我反馈交流，也欢迎广大读者添加微信公众号进群互动交流。

电子邮箱：jessezhao@vip.qq.com

新浪微博：@赵君日记 （weibo.com/2haojun）。

微信公众号：赵君日记（ppxq2017）。

Bilibili：赵君日记